高等职业教育“十三五”规划教材

（数字媒体技术专业核心课程群）

新媒体技术基础

主　编　罗　练　王蓉芳

副主编　马韦伟　王　伟　张　博

中国水利水电出版社
www.waterpub.com.cn
·北京·

内 容 提 要

随着现代社会的发展，新媒体技术已经应用到各个领域，新媒体已无处不在。新媒体技术已经改变了传统媒体的传播手段与传播形式，更是带来了传播理念与相关产业形态的升级与变革，从媒体内容制作到传输与存储、播放等所有环节，都有一系列的变化。那么，新媒体包括哪些形态？与传统媒体相比又有哪些不同？对社会生活产生了怎样的影响？对传媒产业又带来了什么变化？如何与传统媒体嫁接融合？这一系列问题亟待研究和探讨。

本书是在高职院校新媒体技术专业群、广播电视专业群建设中，确立的一门专业群基础课程教材。本书从新媒体技术的概念、特征等方面着手，主要介绍数字图像处理技术、数字音频处理技术、数字视频处理技术、数字动画处理技术、虚拟现实处理技术等新媒体内容制作技术；同时也对新媒体存储技术、新媒体传输技术等进行了简单介绍；最后，对新媒体技术发展与趋势做了一些展望。全书按32课时的授课量安排内容，可作为高职院校计算机类、数字媒体类、新媒体技术类、新闻传播类等专业的教材。

图书在版编目（CIP）数据

新媒体技术基础 / 罗练，王蓉芳主编. -- 北京 : 中国水利水电出版社，2019.11（2022.8 重印）
高等职业教育“十三五”规划教材. 数字媒体技术专业核心课程群
ISBN 978-7-5170-8171-5

Ⅰ. ①新… Ⅱ. ①罗… ②王… Ⅲ. ①多媒体技术－高等职业教育－教材 Ⅳ. ①TP37

中国版本图书馆CIP数据核字(2019)第236992号

策划编辑：周益丹　　责任编辑：张玉玲　　封面设计：李　佳

书　　名	高等职业教育“十三五”规划教材 （数字媒体技术专业核心课程群） 新媒体技术基础　XIN MEITI JISHU JICHU
作　　者	主　编　罗　练　王蓉芳 副主编　马韦伟　王　伟　张　博
出版发行	中国水利水电出版社 （北京市海淀区玉渊潭南路 1 号 D 座　100038） 网址：www.waterpub.com.cn E-mail：mchannel@263.net（万水） sales@mwr.gov.cn 电话：（010）68545888（营销中心）、82562819（万水）
经　　售	北京科水图书销售有限公司 电话：（010）68545874、63202643 全国各地新华书店和相关出版物销售网点
排　　版	北京万水电子信息有限公司
印　　刷	三河市鑫金马印装有限公司
规　　格	184mm×260mm　16 开本　9.5 印张　240 千字
版　　次	2019 年 11 月第 1 版　2022 年 8 月第 2 次印刷
印　　数	3001—5000 册
定　　价	28.00 元

前　　言

“苟日新，日日新，又日新”是商朝开国君主成汤刻在澡盆上的警词，旨在激励自己自强不息，创新不已。创新是每一个技术领域不断进步的灵魂。在信息领域，从语言、文字的使用，到印刷术的发明，从电报、电话、广播、电视等传统媒体的发明和应用，到计算机、人工智能等新媒体的应用，已经历了数次创新，每一次创新都带来了信息传播大革命，并强力推动着人类文明不断前进。

新媒体技术是一个相对的概念，是伴随着电子与计算机技术的发展而不断变化发展的。“新”与“旧”是比较得来的，广播、电视、网络等在兴起之初，相对于之前出现的媒体而言，都是新媒体。与传统媒体相比，新媒体具有即时性、开放性、个性化、分众性、信息的海量性、低成本全球传播、检索便捷、融合性等特征，而其本质特征是技术上的数字化和传播上的互动性。

本书内容主要包括：新媒体概述、数字图像处理技术、数字音频处理技术、数字视频处理技术、数字动画处理技术、虚拟现实处理技术、新媒体存储技术、新媒体传输技术、新媒体技术发展与趋势等。

本书由罗练、王蓉芳任主编，马韦伟、王伟、张博任副主编。其中，第 1 章、第 2 章、第 8 章由罗练编写，第 3 章由张博、刘天皓编写，第 4 章由张博、郑玄编写，第 5 章由单瑛遐编写，第 6 章由王伟编写，第 7 章、第 9 章由王蓉芳、许吉锋编写。全书由罗练、王蓉芳统稿。

新媒体技术的发展变化日新月异，所以目前尚未有针对相关课程颁发的完整的指导性教学计划和教学大纲。同时，由于编者水平有限，时间仓促，书中不足与疏漏之处在所难免，恳请广大专家与读者批评指正。

编　者

2019 年 7 月

目　录

1 认识新媒体

至今，人类历史上经历了五次信息技术重大变革。第一次是语言的使用，它是人类历史上最伟大的信息技术革命，影响深远；第二次是文字的创造，用文字来储存信息，使信息更长时间地保存下来；第三次是印刷术的发明，它使人类文化传播更加深刻久远，我国四大发明中的造纸术与印刷术在其中做出了重要的历史贡献；第四次是电报、电话、广播、电视的发明和应用，使得人类文化传播变得更加生动形象；第五次是计算机的普及、应用以及计算机技术与通信技术的紧密结合，使得信息技术的传递更加快捷，是人类历史上最为重要的科技成果之一。

信息技术的发展起着历史性的杠杆作用。信息技术的每次创新都带来了信息传播的大革命，每一次革命都给人类的政治、经济、文化和社会生活带来了不可估量的影响，推动着人类文明不断向更高层次迈进。信息技术的变革强有力地改变着人类的生产与生活的面貌，其集中反映的标志就是信息传播方式的变革。

1.1 新媒体概念与内涵

20 世纪 60 年代后期，互联网出现。在随后的 20 余年内计算机技术与网络技术日渐成熟，使全球步入了网络化时代。互联网改变了人类的生活，催生了新的基本形态，颠覆了原有传统媒体的信息传播规律，形成了迥然于既往的传播格局，有力地推动着传媒行业的发展。

目前，互联网进入中国已有 30 余年。在这 30 多年中，“网络媒体”“新媒体”“新兴媒体”“网络与新媒体”等词常被拿出来描述媒介的新变化。国内外学界业界对“新媒体”缺乏比较统一的认识，更没有较为权威的概念解读，但达成的共识是：网络是新媒体的重要领地，新媒体所包含的形态远远超越目前传统及移动互联网所呈现的形态。新媒体是相对的概念，其内涵与外延是不断变化的，也不断革新，昨日所谓的新媒体可能今天就已经不再位列其中，新媒体也将不断被创新。

1.1.1 新媒体的概念

新媒体是一个相对的概念，是伴随着电子与计算机技术的发展而不断变化发展的。广播相对报纸是新媒体，电视相对广播是新媒体，网络相对电视是新媒体。通常所说的新媒体是指在计算机信息处理技术基础之上出现的媒体形态。随着互联网的普及与发展，今天的互联网延伸到了手机、移动电视、平板电脑等移动终端，以此为基础的数字阅读、即时通信、移动商务等成为潮流，正在改变传统生活与工作方式。

新媒体是一个通俗的说法，严谨的表述是“数字化互动式新媒体”。从技术上看，新媒体是数字化的；从传播特征上看，新媒体具有高度的互动性。数字化、互动性是新媒体的本质特征。新媒体的内涵会随着传媒技术的进步而有所发展，但从人类传播史的角度而言，它就是一个时代范畴，特指“今日之新”，而非“昨日之新”或“明日之新”。新媒体的新是以国际标准为依据的，如一种媒体在国人看来是“新”的媒体形式，但在发达国家早就有了，则它就不能被称为新媒体。

新媒体概念是 1967 年由美国哥伦比亚广播电视网（CBS）技术研究所所长戈尔德马克（P. Goldmark）率先提出的。新媒体是相对于传统媒体而言的，是报刊、广播、电视等传统媒体以后发展起来的新的媒体形态，是利用计算机技术、数字技术、网络技术、移动通信技术，通过互联网、无线通信网、卫星等渠道以及计算机、手机、数字电视机等终端，向用户提供信息和娱乐服务的传播形态和媒体形态。

1.1.2 新媒体的构成要素

不管人们怎样定义新媒体，通过了解各种有关“新媒体”的界定及“新”“旧”媒体的区别，可以肯定的一点是：新媒体是相对于已经存在的媒介形态而言的，并且其媒介形态会随着技术革新、媒介融合等原因不断变化及延展。尽管目前仍不能对“新媒体”的概念进行统一的界定，但其构成要素还是相对清晰的。

一是数字技术和网络技术。新媒体是建立在数字技术和网络技术之上的媒介形态。计算机信息处理技术是新媒体的基础平台，互联网、卫星网络、移动通信等则作为新媒体的运作平台，通过有线或无线通道的方式进行信息的传播。

二是多媒体呈现。新媒体在信息传播的方式上往往融合了声音、文字、图形、影音等多种媒体的呈现形式，通过高科技的传播平台，实现跨媒体、跨时空的信息传播，彻底打破了时空界限，满足用户多方位的需求。

三是互动性。作为区分“新”“旧”媒体的重要参考因素，新媒体因其良好的交互性而备受人们的推崇。在新媒体时代，人们不再只是被动接收信息的受众，而是成了能自由传播、选择及接收信息的媒体用户，充分显现了新媒体人性化的一面。

四是商业模式创新。新媒体兼具技术平台和媒体机构双重身份，与传统媒体相比，新媒体在技术运营、产品、服务等领域可以充分利用高科技平台，不断丰富和创新商业模式，从而有助于新媒体的运营。

五是媒介融合趋势增强。新媒体的种类有很多，包括次第出现的网络媒体、有线数字媒体、无线数字媒体、卫星数字媒体和无线移动媒体等，其典型特征是在数字化基础上各种媒介形态的融合和创新，如手机电视、网络电视等。同时，媒介融合也使得传统媒体可以借助数字技术转变为具有互动性的新媒体，如电视可以升级为数字互动电视。

1.1.3 新媒体的内涵理解

各类专家学者及媒体从业者对新媒体的诸多定义从某种程度上体现出“新媒体”强盛的研究浪潮。在新闻传播教育教学领域中，2011 年开设的“新媒体与信息网络”本科专业和 2013 年开设的“新媒体”本科专业更是催生了新的概念，带来了新的争议，不免会给受众及学习者带来些许困扰。中国人民大学的国文波教授对当前存在的各种新媒体定义颇有微词，他认为现在对新媒体的界定中存在的最大问题就是界定过宽且逻辑混乱。

曾有人把近十年内基于技术变革出现的一些新的传播形态，或一直存在但长期未被社会发现传播价值的渠道、载体称作新媒体。这样就会将目前存在的一些新型媒介混为一谈，如将手机电视、网络电视（IPTV）、博客播客、楼宇电视、车载移动电视、光纤电缆通信网、都市型双向传播有线电视网、高清电视、互联网、手机短信、数字杂志、数字报纸数字广播、数字电视数字电影、触摸媒体等均列入新媒体。

而事实上，并非所有新出现的媒体都能称为“新媒体”。尽管广播、电视相对于报纸而言在传播技术和信息表现形式上有了很大的创新，但由于其并没有改变媒介的传播生态，因此人们仍旧习惯地将广播、电视媒介与报纸媒介归为一类，即“传统媒体”。尽管究竟如何划分“新媒体”和“旧媒体”的范畴，到目前仍没有一个统一的标准，但对其作一定的了解将有助于我们理解什么是新媒体。

网络新媒体的兴起，改变着人类社会的传播生态，此时受众不再只是传统媒体时代定位明确的接收者，而是由被动的信息消费者逐渐转化为自由的信息用户，既能根据自身喜好接收信息、发表观点，又能够转变为信息的发布者。由此可见，交互性（interactive）是新媒体所有特性中最显著的点。因此，通过用交互性的标准来衡量目前存在的各种新媒体形态，不难发现许多所谓的“新媒体”其实只是“以新形式出现的旧媒体”，如车载移动电视、户外媒体、楼宇电视等，它们的本质同传统媒体一样，只是通过高新科技表现出来罢了。

浙江大学的邵培仁教授认为，新媒体和传统媒体既可以明显地区别开来，又有某种模糊性。明显的区别表现在：以网络媒体为代表的新媒体，由于其具有交互性、即时性、开放性、分众性、快捷性、个性化、多媒体等特点，因此与传统媒体相比具有良好的整合性、展示性及容纳性。这样就为受众提供了一个全新的、功能齐全的媒介综合平台，既融合了以往的媒介形式，又显现出信息覆盖面广、规模大、信息资源丰富等优势。而新旧媒体之间的模糊性则表现在：网络媒体蓬勃发展所带来的传播革命虽是上一轮传播革命的终点，却也是下一轮传播革命的起点。在网络技术的基础上，人类传播历史上的全部媒介既进行了一次整合和展示，同时也是对未来的传播媒介和形态的一次试验。邵培仁教授的解释可能更好地诠释了“新媒体”这个概念的内涵与外延。

1.2 新媒体的特性

新媒体的基本技术特征是数字化，基本传播特征是互动性。新媒体具有信息量大、使用方便、检索快速便捷、图文声像并茂、互动性强等优点，信息通过计算机网络高速传播，具有信息获取快、传播快、更新快等特性；并且具有计算机检索功能、超文本功能，是一种具有强大生命力的传播媒体，给人类社会带来了深刻的影响。新媒体允许读者与作者之间进行网络交流，能及时反馈，改变了传统的学术交流方式。

1. 传播与更新速度快、成本低

新媒体传播是一种数字化传播，在传播过程中，所有媒体信息都将进行数字化转换。新媒体传播的更新周期可按分秒计算，而电视、广播的周期按天或小时计算，纸质报纸的出版周期按天甚至按周计算，纸质期刊与图书的更新周期则更长。新媒体传播可以做到同步传播与异步传播的统一。新媒体传播的即时性刷新了新闻的时效性，其本身“接收的异步性”又方便受众随时随地接收。接收的异步性可以使受众不需受媒体传播时间的限制，可按自己需要随时进行信息的接收。

2. 信息量大、内容丰富

互联网能够使用户共享全球信息资源，可以说没有任何一种媒体在信息量上可以与海量信息的网络媒体相提并论。报纸若多印一万字内容，就需增加一个版，给印刷、排版、发行、成本带来很多问题。广播、电视更是这样，内容要准确到秒，字数有时要精确到几十个。新媒体传播不同，存储数字信息的是硬盘，存储容量大。在新媒体传播的专题报道和数据库中，新媒体传播可以不限时、不限量地存储和传播信息，使得读者可以随时对历史文件进行检索。对新闻传播来说，新媒体传播的这一重要功能开拓了实施“深度报道”的新的纵深途径，它能够保证读者对新闻发生的广阔背景及所涉及的影响进行全程观察，从而更准确地判断生存环境发生的真实变化。

3. 低成本全球传播

新媒体传播突破地域、没有疆界，而且跨国传播成本低廉。无论从传播者的角度还是从受众的角度来看，信息在网络上跨国传播与本地传播的成本与速度是相同的，这一点与传统媒体截然不同。纸质媒体和广播电视虽然在理论上也能进行全球传播，但是其传播的成本与传播的距离成正比。新媒体传播完全打破了传统的或者说物理上的空间概念，使世界变成了地球村，真实的地理隔离和国界等限制不存在了，网络上的新闻传播不是单一文化而是跨文化的传播。互联网则成了不同国家之间跨文化传播的信息交流渠道，带来了前所未有的方便和迅捷，新媒体传播的全球性使得网民可以低成本地在世界范围内便捷地选择其喜爱的新闻网站，主动获取所需的信息，增加了政治的开放性和透明度。

4. 检索便捷

检索便捷特性是传统传播方式所难以具备的。纸质报纸、电视等传统媒体每天发送大量的新闻信息，储存时占用大量的空间和金钱，检索时更是费时费力。目前，传统的报刊、电台电视检索是通过额外的资料室图书馆，用人工一页页去找、一盘盘去挑。新媒体传播则完全不同：凡是在互联网中存储的数据，网民只要动动手指，便可以从搜索引擎、各类数据库中迅捷地获取所需的信息。

5. 多媒体化

多媒体是使计算机成为一种可以作用于人的多种感知能力的媒体，它集合了多种媒体的表现形式（如文字、声音图片、动画视频等），用来传送信息，新媒体传播是一种多媒体的传播。它可借助文字、图片、图像、声音的任何一种或几种的组合来进行传播活动。这种具有立体效应的多媒体传播组合可以更加真实地反映所报道的对象，给受众带来逼真而生动的感觉，新媒体传播打破了传统传媒的界限。网络上的新闻是多媒体的，它融合了文字、声音、图像、动画、视频等多种形式，跨越了传统的文字媒介（报刊）、声音媒介（广播）和视觉媒介（电视）之间难以逾越的鸿沟。新媒体传播不仅可以表现出电视的功能，还因其容量大、可检索等功能，使其多媒体特性显得更实用。一个新媒体传播，实际上是三种媒体的综合体。网上的音频、视频、图片节目，等于是开办了网上电台、电视台、图片社。现在的大型网站，如中央电视台网站、凤凰网等，都有专门的视频、音频频道。由于操作平台软件的成熟，人们可以在计算机里开出多个窗口，一边听音乐，一边看视频、新闻或进行写作。

6. 超文本、超链接

超文本是一种非线性的信息组织方式。超文本设计成模拟人类思维方式的文本，即在数据中又包含有其他数据的链接。用户单击文本中加以标注的一些特殊的关键单词和图像就能打开另一个文本。超媒体又进一步扩展了超文本所链接的信息类型，用户不仅能从一个文本跳转到另一个文本，而且可以激活一段声音、显示一个图像或播放一段视频。网络以超文本、超媒体方式组织新闻信息，便于用户接收新闻内容时进行联想和跳转，更加符合人们的阅读和思维规律。人类的思维活动是多维的、发散的，而不是线性的。传统新闻媒体的表达方式是顺序的、线性的，而不是跳跃的、多向的，这样的表达方式不符合人们的思维方式。人们要求新的新闻媒体能够突破线性表达的桎梏，采用多维的表达方式，使其具有联想功能，从而更接近于人类对知识、概念、思想的表达习惯。新媒体传播改变了信息组合方式，它的魅力在于将分布于全世界的图文并茂的多媒体信息以超链接的方式组织到一起，用户只要链接到一个网页，在链接字上用鼠标一点就可以访问相关的其他网页。这种方式改变了传统的阅读方式，极大地方便了用户。网络新闻采用互联网的“超链接”概念，以超文本、超媒体的方式来组织新闻内容及有关新闻背景，使用户在阅读新闻时，能按照自己的意愿和思路，实现新闻内容的“跳转”及表达方式的转换，更好地体现用户的主体地位及联想的思维规律。超文本结构是网络上信息的组织方式，大大增加了新闻报道的综合性、可选择性和自主性。

7. 互动性强

从传播学的角度看，互动性是新媒体的根本性特征。传统媒体的传播方式通常是单向的，编读双方无法随时随地进行双向沟通；而新媒传播既可以是单向传播，也可以是双向（编者与读者之间）甚至多向（编者与读者之间、读者与读者之间）传播，信息的传播具有很强的互动性，网民与网站之间、网民与网民之间可以利用 BBS、聊天室、网络电话、电子邮件等工具实时沟通、互动，对新闻内容也可以随时展开讨论，还可以举行网络会议。

1.3 新媒体的应用领域

信息技术的快速发展和成熟，给新媒体应用的扩展提供了巨大的后续支撑。从门户网站到个性化网站，再到社交网站，从博客到微博、轻博客，再到如今势头强劲的微信和方兴未艾的微网，加之平板电脑、智能手机等移动终端的出现，新媒体的应用越来越广泛，主要在以下几方面呈现出勃勃生机。

1.3.1 在出版业中的应用

人类在创造出文字以后，便尝试着用各种方法使文字能够突破时间和空间的界限，保留在浩瀚的历史长河中，因而便出现了印刷行业。从雕版印刷术到活字印刷术，再到信息时代的到来，印刷业逐步告别了铅与火，迈向了光与电，受众的知识程度也得到了空前的提高。

进入 21 世纪后，科技使印刷业得到了如火如荼的发展，如今新媒体进入印刷出版业，使传统的出版行业受到前所未有的挑战。以报刊为例，为了争夺读者、提高发行量，报纸与报纸之间、报纸与杂志之间、报纸与广播电视之间以及报纸与网络传媒之间的竞争将更为激烈。这种竞争包括传播内容、传播模式、传播手段以及媒体的技术、人才、经营管理等方面的全方位竞争。

目前新媒体在出版业的主要表现如下。

1. 电子书

电子书是指将文字、图片、声音、影像等内容数字化通过植入或下载到存储和显示终端于一体的手持阅读器来进行阅读的出版物。区别于纸张为载体的传统出版物，电子书通过数码方式将信息记录在以光、电、磁为介质的设备中，借助于特定的设备来读取、复制和传输。

电子书与传统的出版物相比，具有以下的优点：获取与携带方便；通过网络下载，很小的电子设备就能有大量的阅读资料；易于检索与互动，电子书可全文检索，作者与读者能通过网络互动；个人订制；读者可根据需要订制电子书，使得个人出版成为可能；使用方便；可通过网络超链接获得更进一步的信息。

2. 数字出版

大众传播领域不断发展，传统信息传播方式已经发生改变，新媒体传播方式快速抢占市场份额，互动成为数字出版产业快速发展的基础；数字技术在出版领域的应用越来越广泛，内容的编辑、制作、印刷复制、发行、传播和消费都与技术进步紧密相关。

数字出版是人类文化的数字化传承，它是建立在计算机技术、通信技术、网络技术、流媒体技术、存储技术、显示技术等高新技术的基础上，融合并超越了传统出版内容而发展起来的新兴出版产业。数字化出版是在出版的整个过程中，将所有的信息以二进制代码的数字化形式存储于光盘磁盘等介质中，信息的处理与接收则借助计算机或终端设备进行，它强调内容、生产模式和运作流程的数字化。

目前，数字出版主要包括数字报纸、电子图书、数字期刊、网络动漫、手机出版物等，数字出版已经深入人们生活的方方面面。在纸媒时代，信息传递是单向的；而在新媒体时代，不仅是出版机构对用户传递信息，用户也可以反馈并在阅读的同时产生互动。在这个层面上来说，传统媒体必将更注重开发新的技术，造福于广大受众，也必然会加强与新媒体的融合。

随着印刷、出版行业与计算机、互联网、无线通信、电子商务等新技术的快速融合，出版的载体形式、技术手段、传播方式、营销方式管理方式等正在发生革命性的变化，出版业进入了一个大变革、大调整、大发展的新时期，新媒体技术在出版领域得到广泛的应用。以互联网为代表的信息技术，具有传输快速、多维互动、海量存储、资源丰富、消耗小等优点。文学网站、手机报、网络出版发展迅速，这些出版形态脱离了纸张、油墨等实物载体，出版环节少、效率高，对传统出版业转型提供了发展的方向。

1.3.2 在教育中的应用

新媒体在不断地迅猛发展和普及，新媒体与教育教学相结合已经势在必行，新媒体与教育事业相结合，对于转变传统教育思想和观念，促进教学模式、教学体系、教学内容和教育教学方法的改革，加速教育手段的现代化，改变传统教育的单调模式有重要作用。

1. 自主学习

使用新媒体技术进行远程教学辅导，具有方便、实用、高效等诸多优点。计算机可对学生提问类型、人数、次数等进行统计分析，使教师了解学生在学习中遇到的疑点、难点和主要问题，更加有针对性地指导学生；还可以利用即时通信工具实现“网上答疑”，学生在学习中遇到问题时，可以用 E-mail 将问题发送给老师等待老师的回复。对于大家提出的普遍性问题，教师可以将答复群发给多个接收者。此外，借助于 QQ 群、微信群可以将各种教学信息用附件形式传播，供教师与学生进行教学交流。同时学校还可以自建网络论坛，BBS 也可以作为答疑系统，根据学生提交的问题，进一步了解学生的学习情况并进行答疑。

2. 教师培养，学生汲取

学生是学习的主体，运用新媒体、新技术进行教学，可以让学生学会运用工具对知识和信息进行检索，从而达到自主学习的目的，使学生变被动接受知识为主动汲取知识。

3. 自我提高

在利用新媒体提高自身能力方面，手机媒体有大量信息资源，手机学习类软件种类繁多，利用手机媒体阅读资料进行学习，对人们的学习生活大有裨益。智能手机的便携性、学习资源的丰富性，使得手机学习有很大的发展空间。有道翻译等手机软件不仅可以在线翻译不熟悉的英语单词，还提供英文美文、外媒文章，并配有汉语翻译，是学习英语的有用工具。人们还可以通过知乎等应用增加自己的见识，通过各种知识性 App 提高自身能力，随时随地学习自己想学的知识。也有很多健身 App 能够让人们按照符合自己的方法更容易地锻炼身体。总之，人们能够通过不同的 App 提高自身的各方面素质。

教师要认识到新媒体、新技术在教育教学中的功能和作用，建立教育、教学信息资源，大力整合网上资源，实现资源共享，自觉地在教育教学活动中有效地运用新媒体、新技术，从实际出发，加大新媒体、新技术在教育教学中的应用，从而提高教学质量、促进教学改革。

1.3.3 在新闻传播中的应用

随着科学技术的快速发展，新媒体在广告传播中的应用逐渐增多，打破了传统媒体广告传播的时间和空间限制，通过互动的方式拉近受众与广告之间的距离，降低其抵触心理，更大程度上提升广告的传播效果，包括手机广告、网络广告、新型电视广告等。

大众通过网络平台认识更多的朋友，再通过朋友的消息分享获知更多的新闻信息，自然而然地形成新闻信息传播的循环流动。熟人或者陌生人可以在类似贴吧等平台根据相同的新闻话题、新闻兴趣进行凝聚、互动。同时，SNS 中的人际交往可信度较高，形同于当下很流行的微信朋友圈、微博等，多实行实名制，对受众的隐私也起到了保护作用。由于兼顾真实性、私密性、工具性，这种“网络社区”的建立速度非常快，随之新闻传播的速度也非常快。

新媒体的发展有利于提升广告的创意，消费者已经厌倦了简单的说教演绎方式，传统媒体的广告传播方式已经不能引起广大消费者的兴趣。这就不仅需要现在的广告更富有创意，而且要求其能够满足不同的消费群体，着眼于消费者的个性化需求。而新媒体的快速发展，显示出了科技的飞速进步，为提升广告创意提供了有力的支持。创意是广告的灵魂，然而如果没有一个好的平台对广告进行推广，就无法体现创意的价值。随着科技的进步带动了我国经济的快速发展，人们对于信息的需求量逐渐增大，广播、电视、报纸等传统的大众媒体已经不能满足人们的需求。而数字化时代的到来，为人们获得更多的资讯带来了便捷。无线通信和网络技术的不断完善，使得移动电视、手机、互联网、户外电子设施等为代表的新媒体，突破了传统媒体的垄断地位，为人们的日常生活带来了极大的变革。大量的信息也使得人们开始追求个性化的符合自己的媒体信息，而目前的广告媒体对于广告的投放具有很大的盲目性，并不针对一定的消费群体，这使得广大消费者的需求得不到满足。而随着新媒体的日益普及，改变了传统媒体传播方式单一的缺陷，消费者可以通过自己的喜好，选择适合自己的信息并且可以形成一定的互动。消费者不再是被动地接收信息，而是主动地参与信息的获取，从而实现信息的有效传达。

1.3.4　在日常生活方面的应用

新媒体已经渗透到了人们的日常生活之中，从衣食住行到各种娱乐活动都离不开新媒体。人们通过手机 App 进行看网络小说、玩游戏、逛论坛、社交聊天等日常活动，满足了人们的各方面需求。

1. 社交方面

在社交方面，新媒体拉近了人与人的距离。随着应用软件的不断开发，人际交往形式逐渐多样化。QQ、微信等即时通信 App 让人们与亲友的联系更为便捷、紧密，加深了人们的情感交流。人际交往不再局限于面对面的交往，通过手机，人们可以随时随地进行交流。QQ、微信等软件的语音视频功能的开发甚至冲击了电信业务，App 的语音功能取代了手机拨打电话的通信功能，视频可以看到千里之外的朋友，只需要开通手机流量业务，手机媒体随时随地都能接收到网络信息。人际交往形式更加多元化，手机媒体缩短了人们之间的距离，增进了人际关系。

2. 娱乐

新媒体为人们提供了丰富多彩的娱乐生活。在阅读方面，新媒体不同于传统的媒体，新媒体是视频、音频、图像、文字等各种符号相互组合而成的信息集合，使人们的阅读更加有趣、方便、直观，有了更丰富的感官享受，比如利用 ONE、猫弄等阅读 App 以及今日头条等各种新闻 App 可以随时随地地选择自己感兴趣的信息进行阅读。信息的传播与接收也更加快速，与传统的媒体电视和广播相比，手机视频客户端能够使人们更加方便快捷地观看视频信息；并且手机的网络视频没有时间段的限制，可以随时查看，并可以参加讨论、跟贴，通过不同用户之间的交流，增强了交流能力；手机媒体还可以作为小巧的音频播放器，利用手机随时收听各种音频。

3. 网上购物

手机购物应用已经比较成熟，人们足不出户便可以通过淘宝、唯品会、聚美优品、京东、苏宁易购等 App 来购买生活所需品，方便了人们的生活，有效节省了人们的时间，也有了更多更广泛的选择性。手机网络媒体出现之前，人们逛街需要花费大量的时间去选自己中意的商品，或者需要在有计算机的情况下进行购物；购物 App 出现之后，通过手机互联网可以随时随地下单进行购物，不再受条件的限制。手机媒体等移动端也可以实现网络购票，比如学生坐在教室内就可以买到电影票，订购餐饮、KTV。通过去哪网、携程旅游、途牛等各种 App，人们能够更便捷有效地进行旅游活动的安排，爱好旅游的朋友也可以通过 App 进行交流，增加了生活的乐趣。

4. 方便旅游

新媒体促进了旅游业的快速发展，携程网、去哪儿网、途牛旅游网等，近些年如雨后春笋般层出不穷。现在消费者通过手机终端就能实现确定旅游路线、订酒店、订火车票、订机票和购买旅游景点门票等服务，方便快捷、物美价廉。通过大数据的分析，可以实现对各景区旅游景点的分析，包括旅游目的地的选择、游客旅游偏好、旅游景点的营销方式等。新媒体技术的应用能更有针对性地开展商业活动，分析消费者心理和行为，使营销行为在大数据的支持下更加科学合理。

虽然新媒体的发展充满了挑战、不确定因素以及一些阶段性产生的风险，但是新媒体凭借其移动性、互动性、便捷性、个人性等优势，将其自身的优势与其他媒体相结合，便有机会探索出适合该产业发展的新模式。新媒体要发挥在传统媒体上积累的经验，在传统与创新之间寻找新的支点，逐渐完善流程的再造和资源的整合。

1.4　新媒体发展历程及其发展趋势

1.4.1　新媒体的发展历程

1969 年美国 ARPANET（阿帕网）建成，标志着互联网的诞生。1994 年 4 月 20 日，中国全功能接入国际互联网，从此新媒体依托互联网传播应运而生，伴随中国新媒体的迅速发展，相关的研究也从观察起步到全面探索，再到理论建构，研究的规模、质量和层次不断跃升，呈现了多学科交叉、多领域跨界、多维度研究的繁荣景象。

1. 起步：观察与思考（1986—2005 年）

较早在国内发表的关于新媒体的文献为 1986 年发表在《外语电化教学》上的译作《视听教育在新媒体时代的地位》，但那时的新媒体并非今天讲的新媒体，它只是教育技术上的新媒介、新技术。1986—1996 年只能算是中国新媒体研究的史前阶段。

真正的新媒体研究应该在我国接入国际互联网之后。1994 年 4 月 20 日，中国与国际互联网的第一条 TCP/IP 实现全功能链接，成为互联网大家庭中的一员。但中国新媒体的起步却在尚未接入国际互联网时就开始了，1993 年 12 月 6 日，《杭州日报·下午版》通过该市的联机服务网络——展望咨询网进行传输，从而开启了中国报业电子化的序幕。

1996 年 9 月，中国传播学研究学者闵大洪在《新闻记者》上发表了《电子报刊——报刊业一道新的风景线》，介绍和分析了电子报刊（数字报纸）的发展，这可能是我国新媒体研究最早的文章。1996 年，北京大学胡泳教授翻译出版了美国计算机科学家尼葛洛庞帝的《数字化生存》，此书被评为改革开放 20 年来最有影响的 20 本书之一。此后，胡泳还翻译出版了《未来是湿的：无组织的组织力量》等多部译著，介绍国外互联网发展现状和研究成果。

1997 年元旦，由《人民日报》主办的人民网正式上线，这是中国开通的第一家中央级重点新闻宣传网站。此后新闻网站如雨后春笋般涌现出来，相关研究也相伴而来。1997 年 10 月 16 日和 17 日在北京举行了首次全国电子报刊研讨会，与会者来自 30 余家建有网站的报社、新华社、中央电视台等媒体以及新闻出版领导机构、管理机构，这应该是国内最早的新媒体研究会议，尽管其还仅限于务实层面。

此后，一些学者和传媒人开始对新媒体发展进行观察和探索。1998 年，闵大洪出版专著《传播科技纵横》。1999 年，孙坚华创办了中国第一家新闻传播学术网站——中国新闻传播学评论，这是当时中国最重要的新媒体研究阵地。闵大洪、孙坚华等也成为中国新媒体研究的先行者。

2000 年，新闻网站建设热潮也引发了网络传播研究热潮。2000 年 6 月 18 日至 20 日，在上海举办了全国新闻媒体网络传播研讨会，近百家媒体网站负责人及相关人士，围绕媒体网站的自我成长、与商业网站的关系、网络新闻的采编规律、大型新闻网的运作、网络版权保护、网络新闻人才及媒体网站的技术等七大热点问题进行了深入研讨。之后，研究内容不断增加，研究领域也不断扩展。

2003 年是中国网络媒体发展 10 周年，博客在中国兴起并掀起新的研究热潮。被称为“中国博客之父”的方兴东研究发现：博客的出现集中体现了互联网时代媒体界所体现的商业化垄断与非商业化自由、大众化传播与个性化（分众化、小众化）表达、单向传播与双向传播三个基本矛盾、方向和互动。他进而认为：新技术将不断为以博客为代表的个人出版助力，个人出版将更具破坏力与建设性，除了博客社区本身的自律之外，更在于如何对以博客为代表的个人出版进行有效的引导与管理。与此同时，关于新媒体的研究开始从虚拟社区转向对博客等自媒体的研究，研究开始向横向延伸（与不同学科相结合、从不同角度研究）和纵向深入（深入理论研究、从现象挖掘本质）。

2004 年，清华大学彭兰的博士论文《花环与荆棘——中国网络媒体的第一个十年》对中国网络媒体发展的第一个十年进行了全面梳理和理论分析，之后此文被评为百优博士论文并出版。2004 年 5 月 22 日至 23 日，由南京大学新闻传播学院和中国江苏网主办的首届“中国网络传播学年会”在南京举行，此后该会每年以不同的主题在不同的大学举办，后更名为“中国新媒体传播学年会”，并逐渐成为国内新媒体传播研究的重要学术会议。

2005 年，与新媒体有关的文献数量首次破百篇，被引用大于等于 5 次的文献数超过 20 篇。此时，互联网进入 Web 2.0 时代，我国新媒体发展也掀起了一个小高潮。但在当时，无论是互联网还是新媒体，在社会发展和学术研究中所占的比重还比较小，影响还不大。但互联网研究远胜于新媒体研究，每年关于互联网的论文有上千篇，新媒体的研究论文此后从每年几篇缓慢增加到几十篇，2004 年达到 69 篇，2005 年增加到 116 篇。这一时期，我国新媒体研究的整体水平还比较低，主要研究工作还是观察、描述、整理和思考，处于新媒体研究的起步阶段。

尽管只是新媒体研究的起步阶段，但外部条件和基础工作正在逐步形成。一方面是自改革开放以来，我国新闻传播学科的快速发展，尤其是传播学为新媒体研究创造了良好的学术条件；另一方面，互联网信息的统计工作也为新媒体研究奠定了基础，如 1997 年建立的以“为我国互联网络用户提供服务，促进我国互联网络健康、有序发展”为宗旨的中国互联网络信息中心（CNNIC），每半年发布 1 次中国互联网统计信息，为新媒体研究提供了数据支持。

2. 探索：全方位推进（2006—2010年）

2006年，录入CNKI的新媒体论文达到520篇，比上一年增加了近4倍。此后每年不断增加，到2015年达到8879篇，新媒体研究进入高速发展时期。2006—2015年10年间，新媒体文献数量的增加与我国互联网用户的发展是成正比的。到后期，虽说互联网用户增幅减缓，但文献数反而剧增，同时也可以将这一时期分为两个阶段，前5年新媒体研究是全面开花，后5年新媒体研究是向纵深发展。

先看2006—2010年这一阶段，新媒体研究首先在新闻学领域展开，中国人民大学成为研究的领军大学。中国人民大学教授蔡雯率先把美国的“融合新闻”探索介绍进来并开展研究，中国人民大学教授喻国明从传媒经济学视角对新媒体展开了探讨，中国人民大学教授高钢、清华大学教授彭兰则从媒介融合的视角展开研究，中国人民大学教授匡文波则主要研究手机媒体。

与此同时，新媒体也开始利用传播学理论展开深入研究。华中科技大学教授陈先红提出了“新媒介即关系”的新观点，浙江大学韦路和张明新讨论了互联网的知识鸿沟，暨南大学教授谭天提出了新媒体生态下的传播裂变理论，中国传媒大学教授黄升民提出了“三网融合”的新构想。2007年，南京大学教授杜骏飞的《1994年以来中国大陆网络传播领域的学术进展与趋势分析》、郑州大学教授郑素侠的《2001—2006年内地网络传播研究现状的实证分析》，都对网络传播研究发展进行了梳理。中国人民大学传播学博士付玉辉从2006年开始，每年都发表一篇网络传播或新媒体传播的年度研究综述。从2010年起，谭天等教授对我国媒介融合发展进行了年度分析，其他学者也从不同视角对不同时期的新媒体研究进行了梳理。

从对网络媒体、手机媒体、新媒体等新概念的界定和辨析，到对Web 2.0、3G、微内容等新技术、新形态的分析；从对全媒体、三网融合等新业务、新业态的现实观照，到对关系、平台等热词的关注，再到对移动互联网和物联网的前瞻性探讨。在这个阶段，我国新媒体研究群体已逐步形成并不断壮大。

这一阶段，新媒体研究既有相对集中的领域，也有不断扩展的新视域。CNNIC发布报告显示，截至2008年6月底，我国网民数量达到了2.53亿，首次超过美国跃居世界第一位。当年，北京奥运会助推了我国网络媒体全面升级。面对迅速发展的新媒体，学者们纷纷把目光投向它对传媒业带来的急剧变化。清华大学崔保国和张晓群认为：“中国传媒产业的规模正在迅速扩张，传媒产业内部结构也在发生迅速变化。新媒体的快速成长是推动中国传媒产业变化的主要力量。”彭兰认为：“一个媒体的全媒体产品未必一定要完全通过自己的平台发布，与内容包装商、渠道提供商、平台提供商等共同完成产品的多种形式生产、多种渠道传播、多种平台贩卖，可能是媒介融合带来的产业重组与流程再造的更深层含义。”黄升民则希望通过“三网融合”构建中国式“媒·信产业”新业态。

与此同时，学者们也在讨论新媒体的社会意义和网络社会，如彭兰认为：“Web 2.0所强调的，不是人与内容的关系，而是人与人的关系。它为个体提供了一种新的社会界面、社会纽带。”湖南理工学院徐小立、武汉大学秦志希发现：“‘信息知沟’正在威胁社会的和谐与均衡发展，政府应该更大地发挥其在信息产业均衡发展中的主导力量。”河北大学王秋菊、刘杰则揭示了网络传播在当代公民社会阶层变动中的作用以及社会各阶层对网络舆论传播的影响。

更多的学者主要还是讨论互联网给新媒体带来的新问题，有从新闻学、舆论学视角研究的，如广东外语外贸大学朱颖、陈小彪讨论了网络环境下的新闻自由及其边界，复旦大学李良荣、张源认为新老媒体结合将造就舆论新格局，中国人民大学教授陈力丹则讨论“人肉搜索”等问题。新媒体研究还扩展到社会学、政治学、伦理学、管理学等其他学科，既有文化批判，也有应用研究。如杜骏飞谈到网络社会管理的困境与突破，北京大学教授胡泳分析了互联网创造的公共领域，湖南师范大学蔡骐、谢莹分析了受众视域中的网络恶搞文化，厦门大学教授龚玲等分析了网络口碑对受众品牌态度的影响。但也有学者开始从更宏观的视野进行研究，中国人民大学教授高钢对互联网未来的发展与社会变革进行了前瞻性研究，深圳大学教授丁未则通过深入的个案研究探讨了新媒体赋权问题，彭兰从社区到社会网络拓展了互联网研究的视野与方法。此时，传播学及其他学科的进入也推动了新媒体研究，社会网络分析法等新的研究方法也引入到新媒体研究中。但从整体而言，从每年剧增的论文中可以看到大量的研究还是低水平和重复性的，大多数论文还是新媒体实务方面的。这一阶段的新媒体研究主要集中在不断出现的新媒体形态上，如博客、手机媒体、数字电视和网络电视，以及 Web 2.0 的传播形态等，多数文章还是现象分析和案例研究，大多还停留在经验性描述的层次。

2008 年，网络媒体开始跻身主流媒体。2009 年 8 月，门户网站新浪推出“新浪微博”内测版，成为第一家提供微博服务的门户网站。微博随之蓬勃发展，不仅各种网络热词迅速走红网络，而且微博也逐渐显示出强大的传播力。2010 年被称为媒介融合年，我国“三网融合”起步。如果说微博在改变传播形态，那么“三网融合”则在改变传媒业态。2010 年，中国社会科学院新闻与传播研究所发布了国内第一部全面关注中国新媒体发展状况的年度报告——新媒体蓝皮书，它不仅及时全面反映了我国新媒体发展现状和趋势，而且较好地整合了国内十分零散的新媒体研究力量，意义重大。同年，清华大学教授崔保国主编出版的《中国传媒产业发展报告》（蓝皮书）也开始对新媒体研究积累资料。

3. 升级：建构新理论（2011—2015 年）

《中国新媒体发展报告（2012）》指出：2011 年以来，中国新媒体的成长进入到一个极为特殊的阶段。中国新媒体发展态势强劲，互联网和手机用户数量持续增长，新的应用和传播形态不断涌现。新媒体不仅进一步变革着大众传播格局，而且快速向政治、经济、文化等诸多领域渗透，成为一种高度社会化的媒介。具备强大传播功能的新媒体日益深刻地影响着社会发展，其“双刃剑”的效应进一步凸显。快速、开放发展的新媒体极大拓展了人类空间，虚拟与现实社会的冲突成为世界性新问题，各国在大力发展新媒体的同时也在不断加强对新媒体的治理。如何趋利避害，化新媒体风险为国家发展机遇，是当前最重要的问题之一。

在这一阶段，新闻传播学的新媒体研究主要集中在以下 10 个方面。

（1）本体论：网络与新媒体的基础理论研究，如媒介平台理论、大数据理论等。

（2）新媒体传播：包括新的传播模式、新媒介特性等。

（3）新媒体产业：包括商业模式、产业链、数字营销等。

（4）新媒体新闻：包括网络新闻的生产、集成、分发、运营等。

（5）新媒体技术：包括数据挖掘、无人机拍摄、机器人新闻等。

（6）新媒体管理：包括网络监管、传媒规制、伦理道德等。

（7）新媒体文化：包括互联网文本特征、互联网文化价值、网络社会特征等。

（8）媒体融合：主要是传统媒体与新兴媒体的融合发展，新型媒体的构建。

（9）新媒体影响：包括新媒体在社会、经济、政治、文化等方面的影响与作用。

（10）新媒体教育：从学科建设的角度出发研究如何培养新媒体专业人才，研究对象也在不断发生变化，不仅包括以微博、微信，App为代表的自媒体和社交媒体，也包括云计算、大数据、可穿戴设备等新技术，还包括网络舆情、数字新闻、数字营销等新服务，甚至还进入非新闻领域，如网络游戏、电子商务等领域。

此时，“关系”和“平台”是出现频率最高的两个热词，有些学者从媒介的社会学角度提出关系问题，有些学者则从媒介经济学视阈提出平台概念。彭兰提出从内容平台到关系平台，喻国明提出“关系革命”，传播学研究正在透过信息传播进入关系传播层面。在新的传播形态和媒介生态下，研究者开始把目光投向基础研究和新兴媒体，并聚焦到新媒体的组织形态，黄升民和暨南大学教授谷虹提出信息平台理论，谭天提出媒介平台理论。长期以来，学界一直把新媒介和新媒体混为一谈，更未能把新兴媒体和新型媒体区分开来，这也给新媒体研究带来了不少困扰和阻碍。但随着人们对媒介平台的深入认识，研究也从媒介融合向媒体融合推进。

2011年1月21日，腾讯推出了微信，这个智能移动终端的即时通信应用软件很快就发展成为服务最为广泛、功能最为强大的社交平台，迅速进入中国社会各个方面并产生了广泛的影响。学者们纷纷开始应用社会学理论来研究社会化媒体和网络社会空间，谭天和暨南大学教授苏一洲分析了社交媒体的关系转换，彭兰探讨了社会化媒体在融合中的深层影响，清华大学陈昌凤分析了社会化电视的传播创新，清华大学熊澄宇、张铮分析了在线社交网络的社会属性，浙江大学何镇飚、王润讨论了新媒体的时空观与社会变化。研究也更加学术化，如南京航空航天大学教授张杰的“陌生人”视角下社会化媒体与网络社会“不确定性”的研究，清华大学李彬、关琮严探讨媒介演进及其研究的空间转向。

随着互联网的发展，网络舆情与网络治理日显重要，各新闻院校和科研单位纷纷建立舆情研究机构，开展舆论场、网络治理等研究，尤其是网络群体性事件及对策研究。如复旦大学教授童兵对官方民间舆论场的剖析，重庆大学教授董天策、兰州大学教授王君玲、中国传媒大学教授隋岩和清华大学教授苗伟山的网络群体性事件研究，喻国明分析了社会化媒体崛起背景下的政府角色和中国社会网络舆情的结构特点，陈力丹对微博问政发展趋势进行了分析，方兴东等对基于网络舆论场的微信与微博传播力进行了评价和比较研究，江西师范大学教授邱新有则提出政府、传统媒体、微博信息博弈的纳什均衡。

随着新兴媒体的强势崛起和传统媒体的转型需求，新闻业和传统媒体面临着更大的挑战，不少学者都将目光移向新传播、新媒体、新问题和新对策。如中国社会科学院教授唐绪军等认为微传播是正在兴起的主流传播，匡文波基于定量研究得出新媒体是主流媒体的判断，喻国明提出新闻传播理论与实践的范式创新和当前中国传媒业发展面临的转变，南京大学教授丁柏铨探讨了新兴媒体发展规律及其与新闻传播规律的关系，中山大学教授张志安等探讨了新媒体与新闻生产研究，陈力丹等则论述了大数据与新闻报道，谭天等提出了“一体两翼”“体外循环”等融合策略。

2014年，中国正式接入国际互联网20周年，中国社会科学院教授黄楚新从融合与转型的角度对中国互联网发展20年的媒体变革进行回顾，复旦大学教授李良荣和复旦大学博士方师师从互联网与国家治理方面对中国互联网20年发展进行再思考。彭兰则从中国互联网20年的渐进与扩张中论述了从网络媒体到网络社会的演变，她认为：“经过二十年渐进与扩张的中国网络媒体，正在一个全新的网络社会的版图上，开始新一轮的发展与竞争。新闻网站与传统媒体究竟去向何方，也必须在‘网络社会而不仅是网络媒体’这样一个基础上进行新的思考与谋划。”2014年3月18日，在暨南大学举办了首届中国新媒体研究高端论坛，彭兰、谭天、祝建华三位学者就“新媒体本体认知、研究对象和范畴、研究路径选择、学科取向、目前国内新媒体研究、教学亟待解决的问题与国外的经验”展开了深入的对话和观点的碰撞。

随着智能手机的普及、4G 网络的推出，移动互联网发展速度加快。CNNIC 统计报告显示，截至 2015 年 12 月，中国手机网民规模达 6.20 亿，手机上网人群占比由 85.8%上升到 90.1%。更多的移动互联网应用被研发出来，更多的手机 App 涌现出来，中国新媒体进入移动社交时代，学者们对移动互联网、场景、“互联网+”等新问题和新概念展开了研究。此时，研究队伍也迅速壮大，除了新闻传播学者不断推进研究之外，还有一些从其他学科转到新闻传播领域的学者，给新媒体研究注入了新鲜的血液，但总体来看，新媒体研究的跨学科协同创新尚未形成。

近年来，国外互联网新著被大量翻译出版，国内学者也不断推出新媒体专著，如彭兰的《社会化媒体：理论与实践解析》、胡泳的《网络政治：当代中国社会与传媒的行动选择》、刘德寰等的《正在发生的未来：手机人的族群与趋势》、谷虹的《信息平台论——三网融合背景下信息平台的构建、运营、竞争与规制研究》等。

互联网迅速发展的同时，也出现了许多弊端和乱象，如网络谣言、色情暴力、虚假信息、病毒诈骗、侵犯个人隐私、泄露国家机密等，如何加强监管和治理整顿，既是政府面临的问题，也是学界研究的课题。2011 年 5 月，国家互联网信息办公室设立，以加强互联网建设、发展和管理。2014 年 11 月 19 日至 21 日，首届世界互联网大会在浙江乌镇举行，其“互联互通、共享共治”的主题吸引了全世界的目光，这些都标志着中国正从网络大国迈向网络强国。

4. 前景：问题与挑战（2015 年以后）

杜骏飞教授认为：“中国的网络研究领域是一个广泛的学科交叉的领域，不同学科之间是充满渗透性和互动影响的；网络研究学术领域的进展与业界的技术进步、市场景气呈现同步变化——越是应用性的研究，其学术发展越是由市场需求所决定；数量意义上的学术研究规模受到了来自国家权力的外部因素的强有力制约，然而，有关意识形态的制约在人文社会科学研究方面却引起了较为明显的反弹：制约越是严厉，研究越是趋热；总体分析，中国网络研究的学术发展，蕴含着初期繁荣－沉淀和停滞－深度化－进一步繁荣的周期变化。”

纵观最近几年国家社科基金的一般项目，涉及新媒体的研究项目占比都在 60%以上，主要研究领域有：一是新媒体传播，包括微博微信、网络视频、网络舆情、网络文化等；二是媒体融合与转型，包括报刊出版、广播电视、广告经营、媒体融合、发展战略等；三是互联网治理，包括网络生态、网络治理、网络安全、政策法规等；四是其他方面的研究，包括新媒体语境下政治、民族、国际传播等面临的新问题。总体来看，多为对策性研究和应用研究，基础研究极少。

中国人民大学、暨南大学、北京大学、中国社会科学院等纷纷成立了新媒体研究机构，不断加强与政府、传媒机构和企业的合作。与此同时，各种类型层次的新媒体学术会议也频繁举办，不少新闻院校纷纷开办网络与新媒体专业。但由于新媒体基础研究严重滞后，致使众多新媒体专业五花八门，新媒体教育人才捉襟见肘。暨南大学新闻与传播学院教授曾凡斌认为：“我国的新闻传播学研究长期满足于对策研究，缺乏理论关怀。对策研究表面上看有利于企业、有利于政府，但是缺乏理论基石的对策性研究实际上是没有根据的，没有理论基石的对策最终仍然不能很好地指导实践。”

这是一个需要重新定义的时代，新媒体并不是传统意义上的媒体，新兴媒体不断崛起，新型媒体正在构建中，媒介融合会形成各种新的媒介形态。这是一个需要重新出发的年代，“小新闻、大传播、新业态”的新格局已经形成，重组、重建、重构正在成为新常态。互联网正在重构人类社会的方方面面，新媒体正在推动新闻传播学科的重建，新闻传播的学术版图和研究格局也需要重组。

如今，我国新闻传播学界已经迅速建立起一支庞大的研究队伍，各大高校和科研院所纷纷组建了新媒体研究机构，对新媒体的各个领域开展研究，取得了不少研究成果。但总体而言，力量比较分散，形势不容乐观。影响和制约我国新媒体研究进程的既有外部环境，也有内在因素：一方面是互联网和新媒体发展速度过于迅猛，致使研究滞后于现实发展；另一方面在于原有学科支持不足，新闻传播学难以提供有效的理论和方法。

在互联网和新媒体的猛烈冲击下，新闻传播学面临前所未有的挑战。在传播技术发展和媒介融合的趋势下，传播生态和传媒业态都发生了极大的变化，新闻传播从学科发展到人才培养都面临着严重的不适应，这种不适应造成学界的焦虑、迷失甚至一定程度上的慌乱。近年来，学界开始对新闻传播学研究和学科建设进行反思，一些学者提出学科重建和转型的构想。复旦大学教授黄旦认为：“在当前新传播技术革命的背景下，新闻传播学科的建设再不能是在原有框架上的修修补补，而是需要整体转型。这包括三方面内容：研究方式向经验性研究转向；在教学上要改变原有以媒介种类划分专业的做法，转向以传播内容为类别，并与新媒体实验室互相勾连；在思维方式上，要引入网络化关系，以重新理解和思考传播、媒介及其与人和社会的关系。”谭天认为新媒体研究不仅要走进传播学，还要“走出传播学”。

1.4.2 新媒体发展趋势

当前，我国信息化建设成果持续惠民，国家通过多举措严管严控与平台自主整改并行进行互联网治理，网络发展进一步规范化。中国加速迈入智能互联新时代，“数字中国”建设步入快车道，政务新媒体开启资源共享与服务升级新阶段，网络直播与短视频行业新形态频出，媒体融合步入系统性创新时期，内容付费和知识服务掀起变革，构建网络空间命运共同体促进全球传播秩序革新，新媒体外交助推中国国际影响力提升。在过去的一年里，中国对于互联网与新媒体的发展有了新一轮的规划重点与布局考量。新媒体的发展不仅限于媒体融合，更侧重于在“互联网+”的基础上将网络发展与国家整体发展紧密相连。互联网与新媒体已经被视为我国政治、经济、文化、军事、社会等方面发展的强力助推器。

2018 年 6 月 26 日，以“智能互联·数字中国”为主题的新媒体蓝皮书《中国新媒体发展报告（2018）》发布，该报告对中国新媒体未来发展提出了十大展望。

1. 数字经济引领“数字中国”建设走上新征程

数据显示，2017 年，中国信息通信技术发展指数分值为 5.60，高于全球平均水平，成为全球进步最快的十个国家之一。数字经济促进中国经济增长，成为引领“数字中国”的重要力量。中国应以“数字中国”建设为统筹平台，加快网络强国的建设步伐，围绕《中国制造 2025》，推动互联网和数字技术与经济社会融合发展。

2. 人工智能企业迅速崛起，智能互联与万物融合加速到来

5G 已经进入国际标准研制的关键阶段，以智能硬件为突破口，万物互联加速到来。随

着人工智能算法、智能语音与计算机视觉、智能驾驶等领域的不断发展，人工智能企业将加速崛起。

3. 媒体融合系统性创新发展，效果评估不断规范

媒体融合战略发展将进入第五年，系统性创新成为重点。传统媒体在技术的冲击下将会面临更多的挑战，纸媒的停办、重组、区域整合还将继续。传统媒体在与新媒体融合发展的过程中要坚持新媒体思维，坚持移动和智能优先，坚持发挥优质内容优势。在融合发展实践中，新媒体和媒体融合发展评估指标和体系增多，媒体融合发展需要科学、客观的评估体系。

4. "一带一路"倡议等中国智慧持续推进我国国际传播能力提升

2018 年是"一带一路"倡议提出五周年，应利用我国主场外交活动、重要时间节点等进行国际传播能力建设。我国对外传播工作虽然取得了一定进展和成绩，但是对照国际社会的认知需求、国家对外传播工作的实际要求还存在一定差距。我国应利用微传播、微外交等新途径、新方式来提升软实力。

5. 双微发展依然强势，今日头条异军突起

2018 年春节，微信全球月活跃用户数首次突破 10 亿大关。截至 2017 年 12 月，新浪微博月活跃用户增至 3.92 亿，相比 2016 年底增长 7900 万。2017 年，微博实现总营收 77.13 亿元，76%的增速创上市以来新高，其中广告收入为 66.82 亿元，同比增加 75%。今日头条凭借新闻客户端、短视频、知识付费产品等形成组合产品链，发展势头强劲。

6. 以加强网络舆论引导为主进行互联网内容建设，防范网络思潮风险

2017 年，主流话语体系建设取得重大成就，阵地意识不断强化，但同时存在网络思潮对主流意识形态解构的风险。互联网内容建设的首要任务是牢牢把握正确舆论导向，全面提高舆论引导能力。

7. 内容价值持续回归，内容付费成为新媒体赢利增长新热点

在"后真相"时代，呈现客观事实、深度信息的报道显得格外珍贵。不仅是在新闻媒体领域，在任何新媒体产品领域，内容的价值都不容忽视。随着内容付费领域的不断拓展，知识 IP 和知识领袖不断涌现，短视频和音频将成为内容付费行业的主要产品形式。然而，如何确保知识付费产品的高打开率将成为一个重要问题，内容付费也成为将中华优秀传统文化创造性输出的一个新方式。

8. 政务新媒体不断自我整合，服务功能逐步"实化"和"具化"

在国家倡导"互联网+政务服务"、政务资源互通共享后，可以预见全国政务新媒体功能将会更加完善，不同部门间的信息壁垒将会被逐渐打通，人们在网上办事将会更加便利。在平台建设初步完成后，政务服务的效率与质量提升迫在眉睫。

9. 用户个体商业价值被激活，以"社交电商"为代表的社交化产品成为新势力

根据艾媒咨询数据，2017 年中国社交零售用户规模达 2.23 亿人，较 2016 年增长 46.7%，预计 2020 年用户规模将增至 5.73 亿人。拼多多、小红书、有赞、云集等社交电商模式有效解决了传统电商获取流量难的问题，通过充分挖掘用户个体和社群价值，以信任和人脉为核心有效地进行商品和平台推广。社交电商催生了新零售，充分发挥了社交化这一新媒体产品的核心功能。借助小程序等社交媒体平台，以"社交电商"为代表的社交化产品将不断发展。

10. 互联网治理趋势依然是严管严控，网络安全至关重要

2018 年 4 月，国家互联网应急中心发布的《2017 年我国互联网网络安全态势报告》称，

2017年，通过对1000余家互联网金融网站进行安全评估检测，发现网站有高危漏洞400余个，存在严重的用户隐私数据泄露风险；对与互联网金融相关的移动App进行抽样检测，发现安全漏洞1000余个，严重威胁互联网金融的数据安全、传输安全等。没有网络安全就没有国家安全，要切实保障国家数据安全，加强新媒体用户个人信息的保护，促进互联网全球治理合作，推动构建网络空间命运共同体。

1.5 新媒体技术的主要类型

传播技术在人类社会发展中占有非常重要的地位，作为新媒体发展过程中一个不可或缺的因素，技术的变革始终与新媒体息息相关。由于新媒体本身概念的争议性，所以与之相关的新媒体技术的概念其实也是笼统而不确定的。自网络出现之后，林林总总的技术在不断地影响并改造这一传媒行业，这些技术从历史范畴的角度讲，其实可称为新媒体技术。新媒体是一个相对的概念，是在报刊、广播、电视等传统媒体之后发展起来的新的媒体形态，包括网络媒体、手机媒体、数字电视等。新媒体亦是一个宽泛的概念，是一种利用数字技术、网络技术，通过互联网、宽带局域网、无线通信网、卫星等渠道，以及电脑、手机、数字电视机等终端，向用户提供信息和娱乐服务的传播形态。

1. 网络化新媒体技术

从新媒体的概念及特征中，可知新媒体是在网络技术基础之上诞生并发展的。因此，了解网络技术的变革将有助于我们进一步认识新媒体及其发展历程。从Web 1.0到Web 2.0时代，网络技术的发展不断引导、支撑着新媒体向着更好的未来前行。所谓网络化新媒体技术，主要是从网络产生开始出现了关于媒体技术的相关应用技术，如Web技术、HTML技术、IPv6技术、位置服务技术、流媒体技术、三网融合技术等。

2. 数字型新媒体技术

数字新媒体是以信息科学和数字技术为主导，将信息传播技术应用到文化、艺术、娱乐商业、教育和管理等领域的一种媒体。数字新媒体包括图像、文字、音频以及视频等各种形式，它的传播形式和传播内容采用数字化，即信息的采集、存取、加工、管理和分发均是数字化的。数字新媒体已成为信息社会中最新的、最广泛的信息载体，几乎渗透到人们生活与工作的方方面面。所谓数字型新媒体技术，主要是从数字应用角度出发，探讨数字报纸、数字广播、数字电视、数字杂志、数字电影、互联网云电视等相关技术。

3. 移动型新媒体技术

移动新媒体是所有具有移动便携特性的新兴媒体的总称，包括手机媒体、平板电脑、掌上电脑PSP（掌上游戏机）、移动视听设备（如MP3、MP4、MP5）等。移动型新媒体技术主要是从移动通信的角度探讨移动电视、移动通信技术、微信、二维码、蓝牙、App、Wi-Fi等相关技术。

4. 户外型新媒体技术

户外新媒体是指安放在人们一般能直接看到的地方的数字电视等新媒体，是有别于传统的户外媒体形式（广告牌、灯箱、车体等）的新型户外媒体，如公交、航空、地铁、轻轨，同时也包括这些交通工具相应的辅助场所，如航空港、地铁（轻轨）站、公交站内所衍生的渠道媒体——LED彩色显示屏、视频等，其内容主要是广告。户外型新媒体技术主要是从属于非室内主要应用的新媒体的角度，探讨楼宇媒体技术、车载电视技术、户外行为艺术、触摸媒体技术等相关技术。

5. 新理念新媒体技术

新媒体新在哪里?首先必须有革新的一面，如技术上革新、形式上革新、理念上革新，其中理念上革新尤为重要。单纯的形式上革新、技术上革新称为改良更合适，不足以证明其为新媒体。因此，理念上革新是新媒体生命力所在。新理念新媒体技术主要是依托其他技术从理念角度催生的带有技术色彩又有革新意义的理念型技术要素，如物联网技术、大数据技术、云计算技术、智能网络技术、虚拟现实技术、3D 打印技术、新闻客户端技术等相关技术。

诸如网络等媒体技术自其产生便有信息传播特质，同时在媒体发展史中，互联网对其革新不亚于甚至远远超越了其他传播介质。尽管新媒体有辉煌的过往，也有明媚的未来，但是迄今关于新媒体及新媒体技术的定义等基本概念仍在不懈探讨中，这或许就是新媒体的另一番魅力。

本章小结

本章主要介绍新媒体的基本概念、特性、应用领域、发展历程及发展趋势。新媒体作为一种新的技术，给人们的工作和生活带来了极大的方便，使信息社会的发展产生了更大的进步，带动了信息技术的又一次大的变革。笔者认为，新媒体将成为 21 世纪最具标志性的成果。

思考题

1. 请简述新媒体的概念及特点。
2. 请举例说明新媒体的应用领域。
3. 新媒体技术的主要类型有哪些？分别将给社会生活带来怎样的变化？
4. 你认为新媒体的发展前景怎样？为什么？

2

数字图像处理技术

图像是人类视觉感受到的一种形象化媒体，它可以形象生动地表现出大量直观的信息，比起文字，图像更容易被人们记住和回忆。在新媒体环境中，图像能更加快速地给人们带来感观刺激，更真实地反映新闻现场，更准确地进行事物描述。

数字图像处理是指将图像信号转换成数字信号并利用计算机对其进行处理的过程。图像处理最早出现于20世纪50年代，当时的电子计算机已经发展到一定水平，人们开始利用计算机来处理图形和图像信息。数字图像处理作为一门学科大约形成于20世纪60年代初期。早期图像处理的目的是改善图像的质量，它以人为对象，以改善人的视觉效果为目的。在图像处理中，输入的是质量低的图像，输出的是改善质量后的图像，常用的图像处理方法有图像增强、复原、编码、压缩等。

2.1 数字图像的基础概念

数字图像，又称数码图像或数位图像，是二维图像用有限数字数值像素的表示。由数组或矩阵表示，其光照位置和强度都是离散的。数字图像是由模拟图像数字化得到的、以像素为基本元素的、可以用数字计算机或数字电路存储和处理的图像。

2.1.1 图形与图像

图形是矢量图，是一种基于图形的几何特性来描述的图像。图形的元素是一些点、直线、弧线等，以数学函数的方式来记录图形。矢量图常用于框架结构的图形处理，应用非常广泛，如计算机辅助设计（CAD）系统中常用矢量图来描述十分复杂的几何图形，适用于直线以及其他可以用角度、坐标和距离来表示的图。图形与分辨率的关系不是很密切，因为图形中的每个物件都是独立的，所以图形任意放大或者缩小后，清晰依旧，不会失真。

图像是位图，又可以称为点阵图像或者位图图像（图 2-1），由许多单独的小方块组成，这些小方块我们称之为像素点。图像所包含的信息都是由像素点来描述的，就像细胞是组成人体的最小单元一样，像素是组成一幅图像的最小单元。对图像的描述与分辨率和色彩的颜色种数有关，分辨率与色彩位数越高，占用存储空间就越大，图像越清晰（图 2-2）。

图 2-1　位图原图

图 2-2　位图局部放大后的效果

图形是人们根据客观事物制作生成的，它不是客观存在的；图像是可以直接通过照相、扫描、摄像得到，也可以通过绘制得到。

2.1.2　图像的颜色空间表示方法

颜色空间也称彩色模型（又称彩色空间或彩色系统），它的用途是在某些标准下用通常可接受的方式对彩色加以说明。

本质上，彩色模型是坐标系统和子空间的阐述。位于系统的每种颜色都由单个点表示，采用的大多数颜色模型都是面向硬件或面向应用的。颜色空间从提出到现在已经有上百种，大部分只是局部的改变或专用于某一领域。

颜色空间有许多种，常用的有 RGB、YIQ、CMYK、HSV、HSI 等。

RGB（红绿蓝）是依据人眼识别的颜色定义出的空间，可表示大部分颜色。RGB 是通过红绿蓝三原色来描述颜色的颜色空间，R=Red、G=Green、B=Blue。RGB 颜色空间是图像处理中最基本、最常用、面向硬件的颜色空间。我们采集到的彩色图像，一般就是被分成 R、G、B 的成分加以保存的。但在科学研究中一般不采用 RGB 颜色空间，因为它的细节难以进行数字化的调整，它将色调、亮度、饱和度三个量放在一起表示，很难分开。RGB 是最通用的面向硬件的彩色模型，该模型常用于彩色监视器和一大类彩色视频摄像。

YIQ色彩空间属于 NTSC 系统。这里 Y 是指颜色的明视度，即亮度。其实 Y 就是图像灰度值，I 和 Q 都指的是色调，即描述图像色彩与饱和度的属性。YIQ 颜色空间具有能将图像中的亮度分量分离提取出来的优点，并且 YIQ 颜色空间与 RGB 颜色空间之间是线性变换的关系，计算量小，聚类特性也比较好，可以适应光照强度不断变化的场合，因此能够有效地用于彩色图像处理。

RGB 和 YIQ 的对应关系可用下面的方程式表示：

$Y = 0.299R + 0.587G + 0.114B$

$I = 0.596R - 0.275G - 0.321B$

$Q = 0.212R - 0.523G + 0.311B$

CMYK 又称印刷四色模式，是彩色印刷时采用的一种套色模式，它与 RGB 对应。RGB

来源于物体发光，而CMYK是依据反射光得到的。CMYK是利用色料的三原色混色原理，加上黑色油墨，共计四种颜色混合叠加，形成所谓的“全彩印刷”。四种标准颜色分别为：

C：Cyan = 青色，又称为“天蓝色”或是“湛蓝”；

M：Magenta = 品红色，又称为“洋红色”；

Y：Yellow = 黄色；

K：Key Plate（Black）= 定位套版色（黑色）。

有些文献解释说这里的K指代Black（黑色），且为了避免与RGB的Blue（蓝色）混淆，不用B而改称K，虽然这种解释有助于记忆，但事实上这种说法是不正确的。CMYK彩色空间一般应用于四色墨盒的彩色打印机。

HSV、HSI两个颜色空间都是为了更好地数字化处理颜色而提出来的。有许多种HSX颜色空间，其中的X可能是V，也可能是I，依据具体使用而X的含义不同。H是色调，S是饱和度，I是强度。

Lab颜色空间用于计算机色调调整和彩色校正，它通过独立于设备的彩色模型实现，这一方法用来把设备映射到模型及模型本身的彩色分布质量变化。

2.2 图像的数字化

在日常生活中，当人们从某点观察某一景象时，物体发出的光线（发光物的辐射光或物体受光源照射后反射或透射的光）进入人眼，在人眼的视网膜上成像，这就是人眼所看到的客观世界，可将之称为景象。

这个“象”反映了客观景物的亮度与颜色随空间位置和方向的变化而改变的特征，因此“象”是空间坐标的函数。

视网膜成像是一种自然生理现象，人类文明发展到一定时期才意识到它的存在，并设法用各种手段将其记录下来，这种记录下来的各种各样的“象”则称为图像。

图像是人类用来表达和传递信息的最重要的手段。现代图像包括：可见光范围的图像（能被人眼观察到的各种图像）；不可见光范围内借助于适当转换装置转换成人眼可见的图像（如红外成像技术）；人眼无法观察到的其他物理图像和空间物体图像，以及由数学函数和离散数据所描述的连续或离散图像。

现实中的图像是一种模拟信号，图像数字化的目的是把真实的图像转变成计算机能够接受的显示和存储格式，整个过程分为采样、量化与编码三个步骤。

2.2.1 采样

1. 像素

像素的中文全称为图像元素，是计算机系统生成和再现图像的基本单位，像素的亮度、色彩等特征是通过特定的数值来表示的。数字化图像的形成是计算机使用相应的软硬件技术把许多像素点的特征数据组织成行列，整齐地排列在一个矩形区域内，形成计算机可以识别的图像。像素只是分辨率的尺寸单位，而不是画质。

例如 300×300PPI 分辨率，即表示水平方向与垂直方向上每英寸长度上的像素点数量都是 300，也可表示为每平方英寸内有 9 万（300×300）个像素点。如同摄影的相片一样，数码影像也具有连续性的浓淡阶调，我们若把影像放大数倍，会发现这些连续色调其实是由许多色彩相近的小方点所组成，这些小方点就是构成影像的最小单元——像素，如图 2-3 所示。这种最小的图形单元在屏幕上显示通常是单个的染色点，越高位的像素，其拥有的色板也就越丰富，也就越能表达颜色的真实感。

图 2-3　像素点

2. 采样

图像采样就是将二维空间上模拟的连续亮度（即灰度）或色彩信息，转化为一系列有限的离散数值。采样的实质就是要用多少点来描述一幅图像，采样结果质量的高低就是用图像分辨率来衡量。简单来讲，将二维空间上连续的图像在水平和垂直方向上等间距地分割成矩形网状结构，所形成的微小方格称为像素点。一幅图像就被采样成有限个像素点构成的集合。例如：一幅 640×480 分辨率的图像，表示这幅图像是由 640×480=307200 个像素点组成。

如图 2-4 所示为需采样的物体，图 2-5 是采样后的图像，每个小格即为一个像素点。

图 2-4　需采样的物体

图 2-5　采样后图像

采样频率是指一秒钟内采样的次数，它反映了采样点之间的间隔大小。采样频率越高，得到的图像样本越逼真，图像的质量越高，但要求的存储量也越大。

在进行采样时，采样点间隔大小的选取很重要，它决定了采样后的图像能真实地反映原图像的程度。一般来说，原图像中的画面越复杂、色彩越丰富，则采样间隔应越小。由于二维图像的采样是一维的推广，根据信号的采样定理，要从取样样本中精确地复原图像，可得到图像采样的奈奎斯特定理：图像采样的频率必须大于或等于源图像最高频率分量的两倍。

2.2.2 量化

采样后得到的亮度值（或色彩值）在取值空间上仍然是连续的值。把采样后得到的这些连续值表示的像素值离散化为整数值的操作叫量化。

图像量化实际就是将图像采样后的样本值的范围分为有限多个区域，把落入某区域中的所有样本值用同一值表示，是用有限的离散数值量来代替无限的连续模拟量的一种映射操作。

简单地说，量化就是指要使用多大范围的数值，来表示图像采样之后的每一个点。量化的结果是图像能够容纳的颜色总数，它反映了采样的质量。例如，如果以4位存储一个点，就表示图像只能有16种颜色；若采用16位存储一个点，则图像有2^{16}=65536种颜色。所以，量化位数越大，表示图像可以拥有更多的颜色，自然可以产生更为细致的图像效果，但是，这也会占用更大的存储空间。两者的基本问题就是视觉效果和存储空间的取舍。

在量化时所确定的离散取值个数称为量化级数。为表示量化的色彩值（或亮度值）所需的二进制位数称为量化字长，一般可用8位、16位、24位或更大的量化字长来表示图像的颜色；量化字长越大，则越能真实地反映原有图像的颜色，但得到的数字图像的容量也越大。

经过这样采样和量化得到的一幅在空间上表现为离散分布的有限个像素，在灰度取值上表现为有限个离散的可能值的图像称为数字图像。只要在水平和垂直方向上采样点数足够多、量化比特数足够大，数字图像的质量就毫不逊色于原始模拟图像。

2.2.3 编码

数字化后得到的图像数据量十分巨大，必须采用编码技术来压缩其信息量。在一定意义上讲，编码压缩技术是实现图像传输与储存的关键。已有许多成熟的编码算法应用于图像压缩，常见的有图像的预测编码、变换编码、分形编码、小波变换图像压缩编码等。

当需要对所传输或存储的图像信息进行高比率压缩时，必须采取复杂的图像编码技术。但是，如果没有一个共同的标准做基础，不同系统间不能兼容，除非每一编码方法的各个细节完全相同，否则各系统间的连接十分困难。

为了使图像压缩标准化，20世纪90年代后，ITU（国际电信联盟）、ISO（国际标准化组织）和IEC（国际电工委员会）已经制定并继续制定一系列静止和活动图像编码的国际标准，已批准的标准主要有JPEG标准、MPEG标准、H.261等。

1. JPEG压缩标准

在图像采集、处理与传输过程中，数据量大是一个大难题。1986年CCITT（国际电报电话咨询委员会）和ISO两个国际标准化组织联合成立了JPEG（联合图像专家组），致力于建立适合彩色和单色多灰度级的连续色调静止图像的压缩标准。

联合图像专家组于1991年提出了ISO CD建议草案“多灰度静止图像数字压缩编码”，该建议草案经ISO/IEC批准成为第10918号标准，即JPEG高质量静止图像压缩编码标准。

JPEG算法主要存储颜色变化，尤其是亮度变化，因为人眼对亮度变化要比对颜色变化更为敏感。只要压缩后重建的图像与原来图像在亮度变化、颜色变化上相似，在人眼看来就是同样的图像。其原理是不重建原始画面，而生成与原始画面类似的图像，丢掉那些未被注意到的颜色。

目前，JPEG 技术在使用硬件压缩时，在典型分辨率下，处理速度可达每秒钟压缩 5～30 帧图像，图像压缩比 2～400 倍可调，可为多媒体音像制品提供有效的资源。市场上的 JPEG 图像压缩和解压缩卡主要是用硬件完成计算机存储、图像文件格式的压缩和解压缩的工作，速度比较快。

Photoshop 等图像处理软件也提供了 JPEG 标准的压缩功能。尽管用软件的方法进行压缩速度慢，但成本低，所以受到用户的欢迎，具有较好的实用价值。

目前，JPEG 技术产品主要用在图像采集设备中。

2. MPEG 标准

MPEG 标准是由 CCITT 和 ISO 两个国际标准化组织联合组织的另一个专家小组——MPEG（运动图像专家组）制定的。它被 ISO/IEC 委员会批准为第 11172 号标准，是针对全活动视频及伴音的压缩标准。

该标准包括 MPEG 视频、MPEG 音频和 MPEG 系统三大部分。MPEG 视频是面向位速率约为 1.5Mb/s 全屏幕运动图像的数据压缩；MPEG 音频是面向每通道位速率为 64kb/s、128kb/s 和 192kb/s 的数字音频信号的压缩；MPEG 系统规定了视频信息与音频信息同步及通道复用问题。

2.2.4 图像文件格式

对于图形图像信息，通常都采用哪些文件格式存储呢？常见的图形图像格式有如下几种。

BMP（Bitmap Picture）：PC机上最常用的图像格式，有压缩和不压缩两种形式，可表现 2～32 位的色彩，其中高 8 位含有表征透明信息的 Alpha 数值。BMP 格式的文件在 Windows 环境下相当稳定，在文件大小没有限制的场合中运用极为广泛。

JPEG（Joint Photographic Experts Group）：可以大幅度地压缩图形文件的一种图形格式。对于同一幅画面，JPEG 格式存储的文件是其他类型图形文件的 1/10～1/20，而且色彩数最高可达到 24 位，所以它被广泛应用于 Internet 上的 homepage 或 Internet 上的图片库。

WMF（Windows Metafile Format）：Microsoft Windows 图元文件，具有文件短小、图案造型化的特点。该类图形比较粗糙，并只能在 Microsoft Office 中调用编辑。

PNG（Portable Network Graphic）：一种无失真压缩的图像格式，支持索引、灰度、RGB 三种颜色方案以及 Alpha 通道等特性。渐进显示和流式读写特性，使其适合在网络传输中快速显示预览效果后再展示全貌。最高支持 48 位真彩色图像以及 16 位灰度图像，被广泛应用于互联网及其他方面上。

GIF（Graphics Interchange Format）：在各种平台的各种图形处理软件上均可处理的经过压缩的图像格式。其缺点是存储色彩最高只能达到 256 种。

IFF（Image File Format）：用于大型超级图形（图像）处理平台，比如 AMIGA 机，好莱坞的特技大片多采用该图形格式处理。图形（图像）效果，包括色彩纹理等逼真再现原景。当然，该格式耗用的内存、外存等计算机资源也十分巨大。

2.3　利用 Photoshop 处理数字图片

2.3.1　利用 Photoshop 抠图

Adobe Photoshop CS4 中范围选取的方法有很多种，可以使用工具箱中的工具，也可以使用菜单命令，还可以通过图层、通道、路径来制作选取范围。

（1）打开素材图片，如图 2-6 所示。

（2）选择魔棒工具，在需要选择的花朵区域单击，容差为 20，得到部分选区，如图 2-7 所示。

图 2-6　素材

图 2-7　确实选区

（3）按住 Shift 键，多次点击所需选择的花朵的其他位置，得到花朵的大部分选区，如图 2-8 所示。

（4）选择自由套索工具，按住 Shift 键将零星的未被选择的区域添加到选区内，如图 2-9 所示。

图 2-8　扩大选区

图 2-9　增加选区

（5）单击 Ctrl+J 键复制新建图层，关闭背景图层可见，可以检查所选择的的花卉效果，如图 2-10 所示。

（6）放大图片可以观察到局部地方选区不够完整，可以选择历史记录画笔工具，将漏选的地方加以修整，如图 2-11 所示。

（7）经过细致的修整，最终得到完整的花卉素材图片，如图 2-12 所示。

图 2-10　选区效果

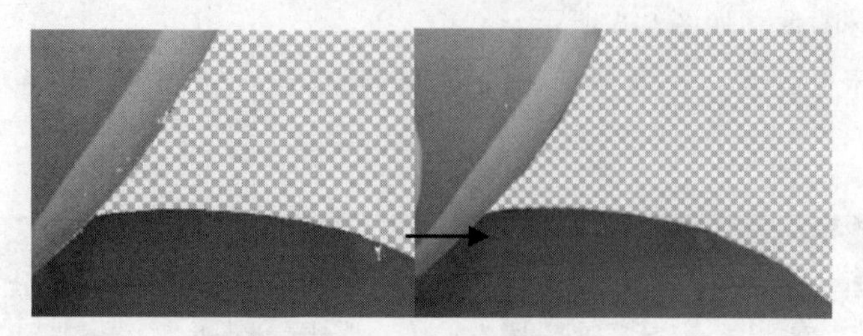

图 2-11　完善选区

图 2-12　完成选区

2.3.2　利用 Photoshop 制作水晶苹果

在水晶苹果的制作中，最重要的是要做出苹果的水晶质感，主要表现要领有：光照方向、强度要一致；明确的高光及阴影有助于光滑、反光较强的材质质感的表现；多结合日常的观察经验，力求将光影准确地表现出来。

练习的过程也是熟悉工具的过程。

水晶苹果的制作方法如下。

（1）建一个 500×500 的图像，以紫色填充 R：70、G：0、B：87。选择滤镜—渲染—光照效果，做出一束聚光灯投射的光照效果，如图 2-13 所示。

图 2-13　聚光灯投射效果

（2）用钢笔工具勾出苹果的轮廓，当路径封闭后按键盘上的 Ctrl+Enter 键，使路径成为选区，如图 2-14 所示。

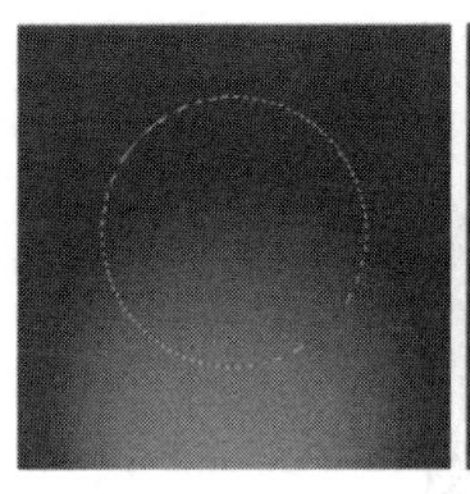
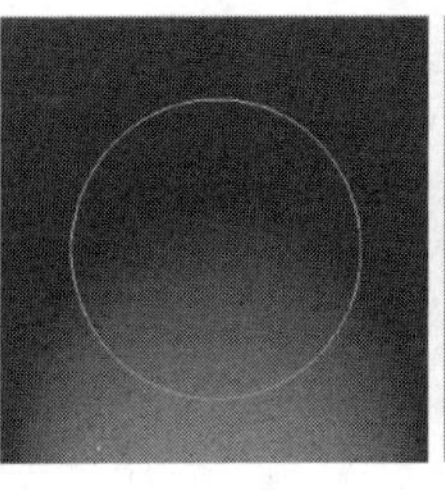
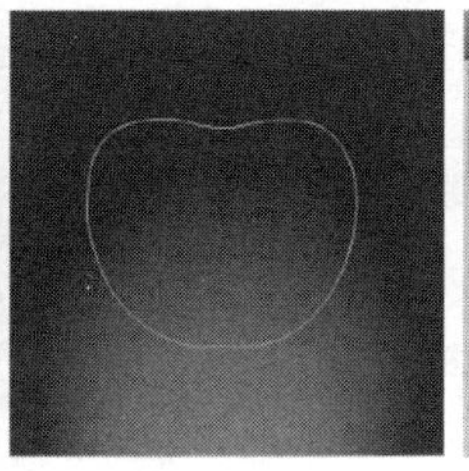
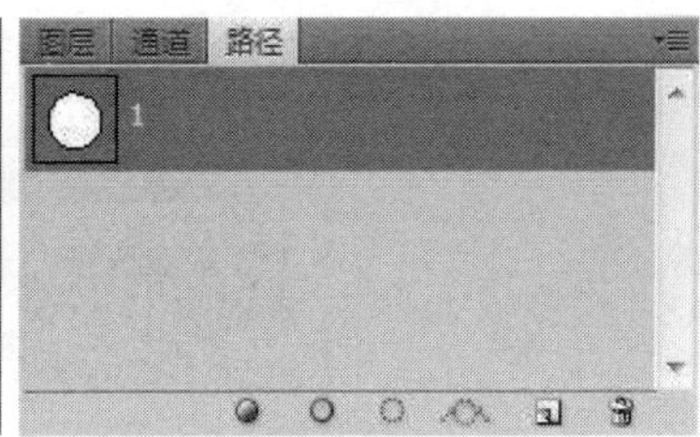

图 2-14　确定苹果样式选区

提示：可以用圆形选框工具根据苹果的大小拉出一个圆，转换到路径面板，单击右上角的小黑三角，在弹出的菜单中选“生成工作路径”，使选区成为路径，再用钢笔工具调整到苹果的外形，这样比直接用钢笔勾要方便得多。

（3）保持选区，在背景层上按 Ctrl+U 键将背景的饱和度和明度调整一下。这样可以为完成后的苹果增加一点通透的感觉，同时也方便在后几步时看清苹果的轮廓，如图 2-15 所示。

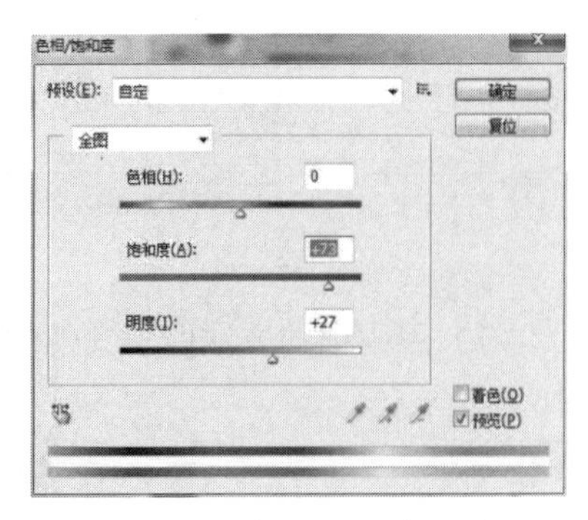

图 2-15　色相/饱和度参数

（4）继续保持选区，打开“存储选区”对话框，在文本框中输入“Alpha 1”，选择“新建通道”单选按钮，再单击“确定”按钮，则转换到通道面板，以白色填充待用，如图 2-16 所示。

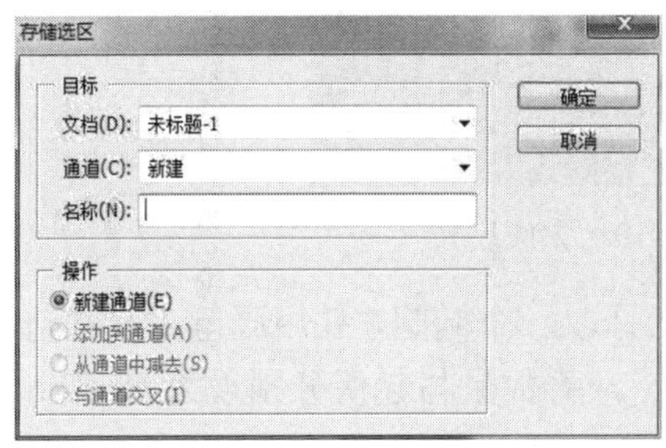

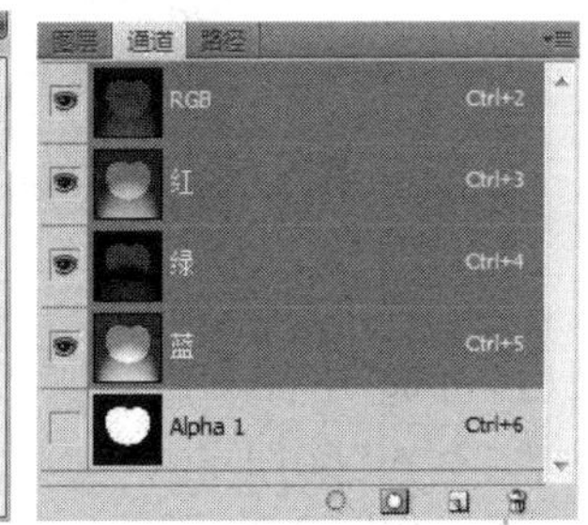

图 2-16　存储选区

（5）苹果的基本形状已经画出，现在需要通过添加光影关系来表现苹果通透的质感。回到层面板，新建一个层。用套索工具沿苹果轮廓的边沿做出选区并羽化，如图 2-17 所示。

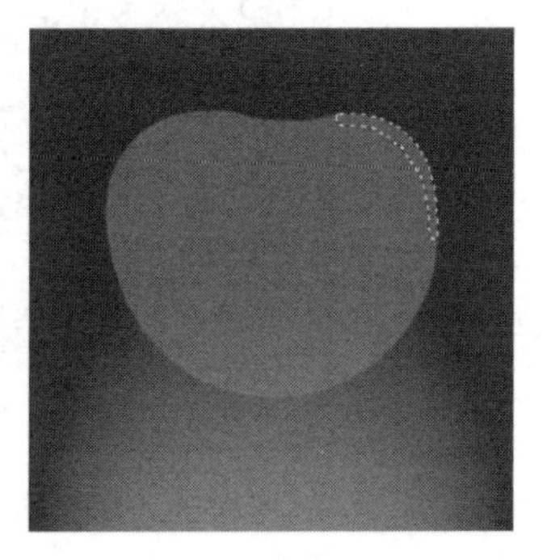

图 2-17　选区羽化

（6）在套索工具绘制的高光区域中，填充渐变，如图 2-18 所示。

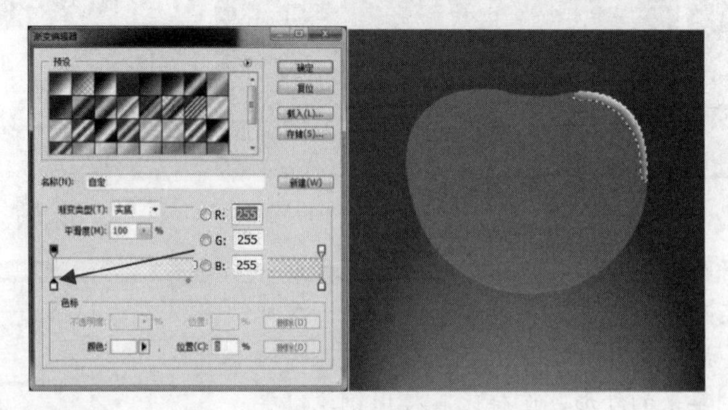

图 2-18　渐变填充

（7）用同样的方法做出其他的反光。左边为受光面，要亮一点，如图 2-19 所示。

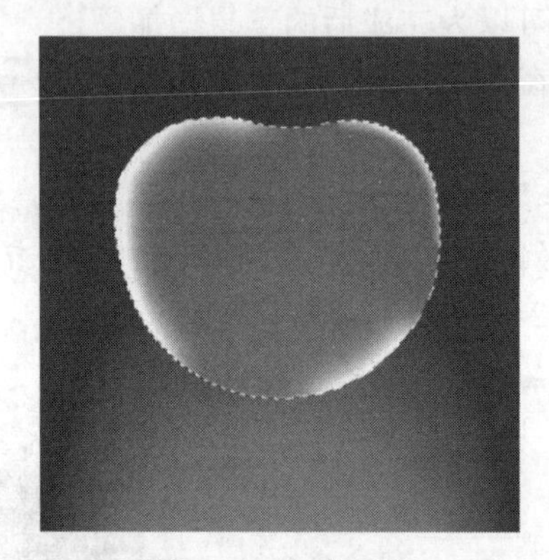

图 2-19　完成反光

（8）新建通道 Alpha 2，用圆形选取工具取一个椭圆，并用画笔工具在选区中随意画些白点，然后选择“滤镜”→“扭曲”→“水波”，将数量与起伏分别设为 49 和 5 左右，可多试几次，以达到最佳效果。如图 2-20 所示。

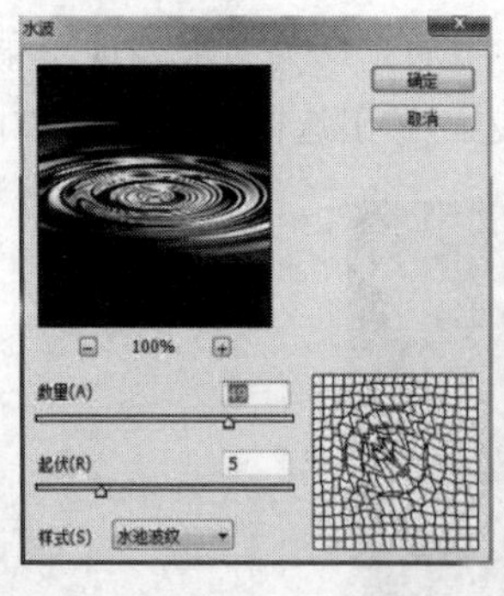

图 2-20　水波参数及效果

（9）按住 Ctrl 键单击通道 Alpha 2，使选区浮动，回到层面板新建一层以白色填充，可适当降低层的透明度，如图 2-21 所示。

图 2-21　降低透明度

（10）用钢笔工具勾勒出苹果柄的轮廓，如图 2-22 所示。

图 2-22　苹果柄制作

（11）按 Enter 键使路径成为选区。把背景色设为白色，新建一个层执行描边，然后用画笔画上几条白线，再执行“高斯模糊”命令，如图 2-23 所示。

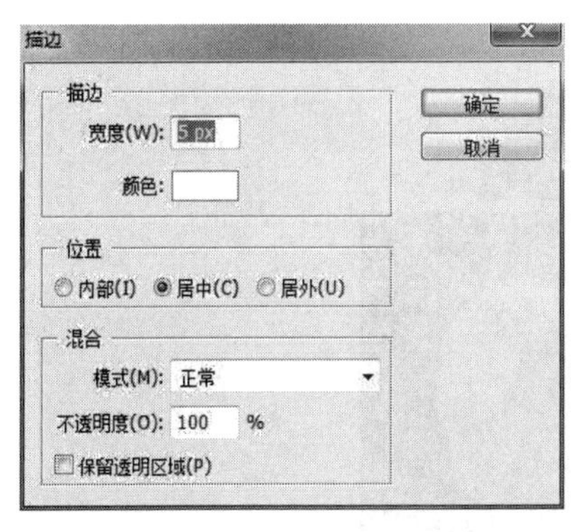

图 2-23　选区描边参数

（12）要营造出水晶通透光滑的效果，则需要在受光面添加大的高光。可以用钢笔工具勾勒出高光的轮廓，如图 2-24 所示。

（13）按 Enter 键使路径成为选区，双击渐变工具，打开“渐变”菜单，新建一层在选区内从左向右拉的渐变，如图 2-25 所示。

图 2-24 制作高光选区

图 2-25 高光渐变

（14）再修饰一下细节。比如用画笔工具增加几个反光，或进一步增加底部的色饱和，打上所需的文字，如图 2-26 所示。

图 2-26 文字制作

（15）最后编辑文字，将文字栅格化后自由变换（Ctrl+T），调整文字的弧度，满足苹果的立体透视效果，最终效果如图 2-27 所示。

图 2-27 文字效果

2.4 Photoshop CC 简介

继 2012 年 Adobe 推出 Photoshop CS6 版本后，Adobe 又在 MAX 大会上推出了最新版本的 Photoshop CC（Creative Cloud）。在主题演讲中，Adobe 宣布了 Photoshop CC（Creative Cloud）的几项新功能，包括：相机防抖动、改进CameraRAW 功能、图像提升采样、属性面板改进、Behance 集成、同步设置以及其他一些有用的功能。

距 Photoshop CC 版本推出不到一年，Adobe 在 2014 年 6 月发布了 2014 年的重大更新——Photoshop CC 2014 版，Photoshop CC 2014 版的新增功能可以极大地丰富我们对数字图像的处理体验。

2015 年 6 月 16 日，Adobe 针对旗下的创意云（Creative Cloud）套装推出了 2015 年的大版本更新，除了日常的 Bug 修复之外，还针对其中的 15 款主要软件进行了功能追加与特性完善。而其中的 Photoshop CC 2015 正是这次更新的主力，其新功能包括：画板、设备预览、Preview CC 伴侣应用程序、模糊画廊、恢复模糊区域中的杂色、Adobe Stock、设计空间（预览）、Creative Cloud 库、导出画板、图层以及更多内容等。

2.4.1 Photoshop CC 系统要求

Photoshop CC 在 Windows 系统和 MAC OS 系统中均可安装使用。

Windows 系统的要求如下：

Intel Pentium 4 或 AMD Athlon 64 处理器（2GHz 或更快）；Vista 系统/Win7 系统/Win8 系统/Win8.1 系统；需要 2.5GB 的可用硬盘空间以进行安装，安装期间需要额外可用空间（无法安装在可移动储存设备上）；1024×768 显示器（建议使用 1280×800）；具有 Open GL 2.0、16 位色和 512MB 的显存（建议使用 1GB）；必须连接网络并完成注册，才能启用软件、验证会员并获得线上服务。

MAC OS 系统的要求如下：

多核心 Intel 处理器，支持 64 位；MAC OSX V10.7 或 V10.8 系统；需要 3.2GB 的可用硬盘空间以进行安装，安装期间需要额外可用空间（无法安装在使用区分大小写的档案系统的磁盘区或可抽换储存装置上）；1024×768 显示器（建议使用 1280×800）；Open GL 2.0、16 位色和 512MB 的显存（建议使用 1GB）；必须连接网络并完成注册，才能启用软件、验证会员并获得线上服务。

2.4.2 Photoshop CC 新增功能

1. 智能参考线

按住 Option（Mac）/Alt（Win）键并拖动图层：如果在按住 Option（Mac）或 Alt（Windows）键的同时拖动图层，Photoshop 会显示测量参考线，它表示原始图层和复制图层之间的距离。此功能可以与“移动”和“路径选择”工具结合使用。

路径测量：在处理路径时，Photoshop 会显示测量参考线。当选择“路径选择”工具，然后在同一图层内拖动路径时，也会显示测量参考线。

匹配的间距：当复制或移动对象时，Photoshop 会显示测量参考线，从而直观地表示其他对象之间的间距，这些对象与选定对象和其紧密相邻对象之间的间距相匹配。

按住 Cmd（Mac）/Ctrl（Win）键并悬停在图层上方：在处理图层时，可以查看测量参考线；选定某个图层后，在按住 Cmd（Mac）/Ctrl（Windows）键的同时将光标悬停在另一图层上方就可以将此功能与箭头键结合使用，以移动所选的图层。

与画布之间的距离：在按住 Cmd（Mac）/Ctrl（Windows）键的同时将光标悬停在形状以外，Photoshop 就会显示与画布之间的距离。

2. 链接智能对象的改进

可以将链接的智能对象打包到 Photoshop 文档中，以便将它们的源文件保存在计算机的文件夹中。Photoshop 文档的副本会随源文件一起保存在文件夹中。选择“文件”→“打包”。

可以将嵌入的智能对象转换为链接的智能对象。转换时，应用于嵌入的智能对象的变换、滤镜和其他效果将保留。选择“图层”→“智能对象”→“转换为链接对象”。

工作流程改进：尝试对链接的智能对象执行操作时，如果其源文件缺失，则会提示必须栅格化或解析智能对象。

3. 智能对象中的图层复合

考虑一个带有图层复合的文件，且该文件在另外一个文件中以智能对象储存。当选择包含该文件的智能对象时，“属性”面板会允许访问在源文档中定义的图层复合。

此功能允许更改图层等级的智能对象状态，但无须编辑该智能对象。

4. 使用 Typekit 中的字体

通过与 Typekit 相集成，Photoshop 为创意项目的排版创造了无限可能。可以使用 Typekit 中已经与计算机同步的字体，这些字体显示在本地安装的字体旁边；还可以在文本工具选项栏和字符面板字体列表中选择仅查看 Typekit 中的字体。

如果打开的文档中某些字体缺失，Photoshop 还允许使用 Typekit 中的等效字体替换这些字体。

现在可以在文本工具选项栏和字符面板字体列表中快速搜索字体。键入所需字体系列的名称时，Photoshop 会对列表进行即时过滤，就可以按字体系列或按样式搜索字体，字体搜索不支持通配符。

5. 模糊画廊运动效果

路径模糊：使用路径模糊工具，可以沿路径创建运动模糊，还可以控制形状和模糊量。Photoshop 可自动合成应用于图像的多路径模糊效果。

旋转模糊：使用旋转模糊效果（“滤镜”→“模糊画廊”→“旋转模糊”）时，可以在一个或更多点旋转和模糊图像。旋转模糊是等级测量的径向模糊。Photoshop 可在设置中心点、模糊大小和形状以及其他参数时，查看更改的实时预览。

6. 选择位于焦点中的图像区域

Photoshop CC 2014 允许选择位于焦点中的图像区域/像素（“选择”→“焦点区域”），并且可以扩大或缩小默认选区。

将选区调整到满意的效果之后，要确定调整后的选区应成为选区或当前图层上的蒙版还是生成新图层或文档，可以选取下列输出选项之一：

- 选区（默认）
- 图层蒙版
- 新建图层
- 新建带有图层蒙版的图层
- 新建文档
- 新建带有图层蒙版的文档
- 带有颜色混合的内容识别功能

在 Photoshop CC 2014 中，润色图像和从图像中移去不需要的元素比以往更简单。以下内容识别功能现已加入算法颜色混合：

- 内容识别填充
- 内容识别修补
- 内容识别移动
- 内容识别扩展

使用“内容识别修补”“内容识别移动”和“内容识别扩展”工具时，可以微调对图像应用算法颜色混合的程度。

7. Photoshop 生成器的增强

Photoshop CC 2014 推出以下增强生成器功能：

可以选择将特定图层/图层组生成的图像资源直接保存在资源文件夹下的子文件夹中。包括子文件夹名称/图层名称。

可以为生成的资源指定文件默认设置。创建空图层时，其名称以关键词默认开始，然后指定默认设置。

8. 3D 打印

Photoshop CC 2014 显著增强了 3D 打印功能：

“打印预览”对话框现在会指出哪些表面已修复。在“打印预览”对话框中，选择“显示修复”，Photoshop 将使用适当的颜色编码显示“原始网格”“壁厚”和“闭合的空心”修复。

用于“打印预览”对话框的新渲染引擎，可提供更精确的具有真实光照的预览。新渲染引擎光线能够更准确地跟踪 3D 对象。

新重构算法可以极大地减少 3D 对象文件中的三角形计数。

在打印到 Mcor 和 Zcorp 打印机时，可更好地支持高分辨率纹理。

启用实验性功能。Photoshop 现在附带以下可启用以供试用的实验性功能：

（1）对高密度显示屏进行 200% 用户界面缩放。

（2）启用多色调 3D 打印。

（3）触控手势。

这些功能可能尚不能用于生产，因此使用时需要格外谨慎。执行以下操作启用试验性功能：

（1）选择“首选项”→“实验性功能”。

（2）选择要启用的实验性功能，如选择“启用多色调打印”。

（3）单击“确定”按钮。

（4）重新启动 Photoshop。

9. 同步设置改进

Photoshop CC 2014 提供了改进的“同步设置”体验，该功能具有简化的流程和其他有用的增强：现在可以指定同步的方向；可以直接从“首选项”→“同步设置”选项卡中上传或下载设置；可以同步工作区、键盘快捷键和菜单自定。

“首选项”→“同步设置”选项卡上的同步设置日志显示上传/下载的文件、文件大小和上传/下载操作的时间戳。

10. OBJ 组网格导入/导出

在 Photoshop 的早期版本中，当打开包含多个网格和多个组的 OBJ 文件时，会在 3D 面板中将所有网格作为一个组导入。从 Photoshop CC 2014 开始，网格和组的结构将在导入和导出操作过程中得以保留。

11. “纹理属性”对话框增强功能

Photoshop CC 2014 提供了有用的“纹理属性”对话框增强功能：可以直接在该对话框中修改纹理的名称；该对话框提供了一个新的“应用到匹配的纹理”选项。

在使用“应用到匹配的纹理”选项时，可以将当前的 UV 设置应用到相似的纹理，如将漫射图和凹凸图一起缩放，可按以下步骤进行操作：

（1）为两个图选择相同的纹理。

（2）根据要求编辑其中一种图的纹理。

（3）要自动更新另一个图的纹理，在“纹理属性”对话框中选择“应用到匹配的纹理”。

（4）单击“确定”按钮。

12. 放射性表面改进的汇聚

表面发射光线的纹理（如自发光纹理或颜色）在 Photoshop CC 2014 中可以更快地汇聚。

13. 导出颜色查找表

现在可以从 Photoshop 导出各种格式的颜色来查找表。导出的文件可以在 Photoshop、After Effects、SpeedGrade 以及其他图像或视频编辑应用程序中应用。

可以从具有修改背景图层以及其他颜色的图层中导出颜色查找表进行颜色修改。

14. 其他增强功能

其他增强功能如下。

- “图层复制 CSS”现在支持内阴影图层效果。
- 默认情况下现在启用智能参考线。
- 高亮画笔现在显示当前选定的画笔和画笔更改。
- 现在可以访问快捷菜单和画笔预设面板中最近使用的画笔预设。
- “颜色面板”中的色谱拾色器现在可调整大小。
- “颜色面板”中新增“色调”和“亮度拾色器”立方体。
- 可以指定透明度仿色渐变。
- 可以通过单个停止创建渐变，已保存的单渐变色标不与 Photoshop 的旧版本一起使用。
- 可以从当前渐变预览样本创建新渐变色标。
- 支持 MPEG-2 和 Dolby 音频导入本机。
- 支持新的视频格式，包括 Sony RAW 及 Canon RAW。
- 固定边缘液化，从图像边缘进行变形。

- 重新设置所有工具，重新设置工具栏槽为默认位置。
- 支持大型 PNG 文件（最大 2GB 限制）。
- 新建文档，先前已设置对话框的改进 UI 内容。

本章小结

在数字化时代，数字图像是一种最普遍存在的数字信息类型，是丰富人类社会生活不可缺少的内容。本章从数字图像的概念、数字图像的表示方法、数字化图片的来源等方面进行了详细表述，同时还介绍了 Photoshop 软件的功能和基本使用方法。

思考题

1. 请简述数字图像的概念。
2. 请简述图形与图像的区别，并举例说明。
3. 图像的彩色空间表示方法有哪些，请列举。
4. 请简要说明图像的数字化过程。

3 数字音频处理技术

本章介绍数字音频在数字媒体技术中的重要作用、数字音频的采集方法和不同文件格式的具体应用；对采集的数字音频进行除噪、调整和特效处理，利用音频编辑软件进行单轨、多轨的编辑输出；影视动画、广告片头、游戏音效等方面的配音制作方法及关系。

3.1 认识数字音频

3.1.1 数字音频的优势

数字音频技术是一种用数字化手段对声音进行录制、压缩、存储、分发、编辑和处理的技术，它是随着数字信号处理技术、计算机技术的发展而形成的一种全新的声音处理手段。

3.1.2 数字音频应用领域

数字音频的主要应用领域是音乐后期制作和录音。数字音频应用的地方非常广泛，但是它拥有属于自己的领域，那就是音乐的录音以及歌曲的后期制作。数字音频能够把它的音频文件先给转化掉，然后把这些属于音频文件的信号再一次转成一种独有的数据进行保存，播放之前转化音乐的时候，可以把之前的那些数据变为模拟信号，再用扩音器输出。这样形成的数字声音与广播上、喇叭上以及电视上放出来的声音方式会有本质上的区别，这样一比，数字声音有方便音频的存储、成本廉价等优点的同时，还有在传输的时候文件不会损坏使得声音发生变化和在编辑与处理过程中十分便捷等显著特点。

3.1.3 数字音频系统的构成

全模拟的音频系统也是存在的，比如传统的 AM/FM 广播系统属于全模拟的音频系统，这里不多介绍，但是只要涉及复杂一点的数学处理，那么音频必然要先转换为数据才能进行处理。

随着计算能力与带宽的飞速发展，现在说的音频系统一般都指的是数字音频系统，这种系统的特点就是，仅仅在声音的出、入口两个点，音频作为模拟形式存在，在中间过程时，音频都作为数字形式被滤波、放大和处理。一般而言，数字音频系统的组成如图 3-1 所示。

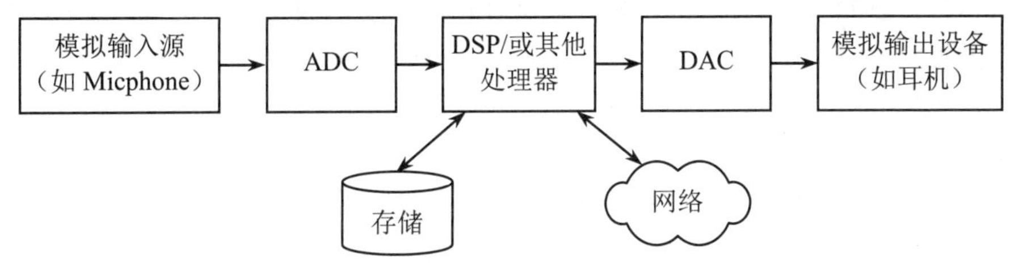

图 3-1　数字音频系统

3.1.4　音频数字化原理

从字面上来说，数字（Digital）化就是以数字来表示，如用数字去记录一张桌子的长宽尺寸、各木料间的角度，这就是一种数字化。跟数位常常一起被提到的字是模拟（Analog/Analogue），模拟的意思就是用一种相似的东西去表达，例如用传统相机将桌子的三视图拍下来，就是一种模拟的记录方式。

在这里介绍两个概念如下：

（1）分贝（dB）：声波振幅的度量单位，非绝对、非线性、对数式度量方式。以人耳所能听到的最小的声音为 1dB，那么会造成人耳听觉损伤的最大声音为 100dB；人们正常的语音交谈大约为 20dB；10dB 意味着音量放大 10 倍，而 20dB 却不是 20 倍，而是 100 倍（10 的 2 次方）。

（2）频率（Hz）：人们能感知的声音音高。男性语音为 180Hz，女性歌声为 600Hz，钢琴上 C 调至 A 调间为 440Hz，电视机发出的人所能听到的声音是 17kHz，人耳能够感知的最高声音频率为 20kHz。

将音频数字化，其实就是将声音数字化。最常见的方式是通过 PCM（脉冲），运作原理如下。

首先我们考虑声音经过麦克风，转换成一连串电压变化的信号，如图 3-2 所示，其横坐标为时间，纵坐标为电压。

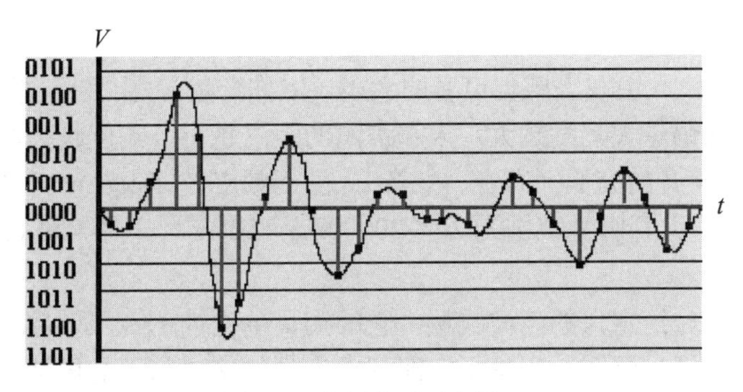

图 3-2　音频电压示意图

3.1.5 常见数字音频压缩格式

WAV 格式，是微软公司开发的一种声音文件格式，也叫波形声音文件，是最早的数字音频格式，被 Windows 平台及其应用程序广泛支持。WAV 格式支持许多压缩算法，支持多种音频位数、采样频率和声道，采用 44.1kHz 的采样频率、16 位量化位数，跟 CD 一样，对存储空间需求太大，不便于交流和传播。

MIDI 是 Musical Instrument Digital Interface 的缩写，又称作乐器数字接口，是数字音乐/电子合成乐器的统一国际标准，它定义了计算机音乐程序、数字合成器及其他电子设备交换音乐信号的方式，规定了不同厂家的电子乐器与计算机连接的电缆和硬件及设备间数据传输的协议，可以模拟多种乐器的声音。MIDI 文件就是 MIDI 格式的文件，在 MIDI 文件中存储的是一些指令，把这些指令发送给声卡，由声卡按照指令将声音合成出来。

大家都很熟悉 CD 这种音乐格式了，其扩展名为 CDA，取样频率为 44.1kHz，16 位量化位数，跟 WAV 一样，但 CD 存储采用了音轨的形式，又叫“红皮书”格式，记录的是波形流，是一种近似无损的格式。

MP3 全称是 MPEG-1 Audio Layer 3，它在 1992 年合并至 MPEG 规范中。MP3 能够以高音质、低采样率对数字音频文件进行压缩。换句话说，音频文件（主要是大型文件，比如 WAV 文件）能够在音质丢失很小的情况下（人耳根本无法察觉这种音质损失）把文件压缩到更小的程度。

3.2 获取数字音频

3.2.1 声音的构成

声音（sound）是由物体振动产生的声波，是通过介质（空气或固体、液体）传播并能被人或动物听觉器官所感知的波动现象，最初发出振动（震动）的物体叫声源。声音以波的形式振动（震动）传播，是声波通过任何物质传播形成的运动。

3.2.2 声音的特性

响度（loudness）：人主观上感觉声音的大小（俗称音量），由“振幅”（amplitude）和人离声源的距离决定，振幅越大响度越大，人和声源的距离越小，响度越大，单位：分贝（dB）。

音调（pitch）：声音的高低（高音、低音），由“频率”（frequency）决定，频率越高音调越高（频率单位 Hz，人耳听觉范围为 20～20000Hz。20Hz 以下的声波称为次声波，20000Hz 以上的声波称为超声波）。

频率是每秒经过一给定点的声波数量，它的测量单位为 Hz，是以海因里希·鲁道夫·赫兹的名字命名的，此人设置了一张桌子，演示频率是如何与每秒的周期相关的。

如，1kHz 表示每秒经过一给定点的声波有 1000 个周期。

音色（timbre）：又称音品，波形决定了声音的音色。声音因不同物体材料的特性而具有不同特性，音色本身是一种抽象的东西，但波形能把这个抽象的东西直观地表现出来。音色不同，波形则不同。典型的音色波形有方波、锯齿波、正弦波、脉冲波等，不同的音色可以通过波形分辨。

乐音：有规则的让人愉悦的声音。

噪音：从物理学的角度看，由发声体作无规则振动时发出的声音；从环境保护角度看，凡是干扰人们正常工作、学习和休息的声音，以及对人们要听的声音起干扰作用的声音。

音调、响度、音色是乐音的三个主要特征，人们就是根据它们来区分声音。

当两个物体碰撞后振动产生声音时，若两者振动频率比为不可化简的复杂比，如201:388，那么我们分辨出来会觉得这个声音刺耳；相反，若两者振动频率比为可化简的简单比，如3:7，那么分辨出来会觉得声音很动听。

3.2.3 数字录音技术

录音即是将声音信号记录在媒质上的过程。将媒质上记录的信号重放出声音来的过程称为放音。录音和放音两过程合称录放音，常见的有唱片录放音、磁带录放音和光学录放音。就录放音制式而言，有单声道和立体声录放音之分。单声道录放音过程包括传声器拾音、放大、录音，再由单个放大器和扬声器系统重放；双声道立体声录放音是基于人的双耳定位效应和双声源听音效应，由双声道系统完成记录和重放声音的过程。

1. 关于录音时电平标准的阐述

从两个角度来说明关于录音时的电平标准。

（1）经过调音台录入电脑或多轨机，在这种情况下，要注意的是两个问题。

第一，是调音台电平的问题。调音台作为信号输入的初始设备，要使其在电平不过载的前提下，电平尽量大。要做到这一点，首先要调整调音台上信号输入轨的增益电平，挑选所输入信号强度最大的一段作为测试，要使输入电平的峰值接近但不突破0dB。然后就是输出电平的调整，由于输入电平的调整，输出电平衰减器（也就是信号输入那一轨的推子）保持在刻度0的位置即可（注意：0不是最低，而是使输出电平和输入电平保持一致，最低是$-\infty$）。

第二，是调音台与电脑声卡或多轨机之间的电平关系。如果是多轨机，则大可不必担心，因为其各轨的电平是厂家调校过的，或者是数字调音台与数字多轨机以ADAT或TDIF相连接，那就更不用担心音量的问题了，肯定是和调音台上保持一致的。那么，要注意的就是调音台与电脑声卡之间的连接。首先，如果是数字调音台连接声卡的ADAT、SPDIF等数字接口，则无需调校，数字信号的传输是一定能够保持原有电平的。最需要注意的就是调音台的模拟接口与声卡的模拟接口的连接，如果是数字调音台的模拟接口与声卡的模拟接口连接，则需要调音台上的电平与声卡的电平读数一致，也就是说，用标准的1kHz进行测试的时候，当数字调音台的输出电平读数为 0dB 的时候，计算机中录音软件的录入电平读数也应该是 0dB；如果是模拟调音台的模拟接口与电脑的声卡模拟接口连接，那么就需要进行如下调校：用模拟调音台发出一个1kHz的信号，并将其输出电平调整至0dB，此时电脑内录音软件的录入电平读数应为–18dB或–14dB，否则有可能会出现电平过载的情况。

（2）经由声卡的模拟输入接口直接录入计算机。这种情况下的操作方法和调校调音台的输出电平方法是一样的，也就是说在保持声音信号被转为数字信号不过载的前提下，尽量提升录音电平即可，不用怕提升噪声，因为将每一轨的电平都录到最大后，缩混的时候肯定要降低，这样，反而会起到降低噪声的作用。

2. 录音的基本概念

首先，要明白什么是录音。顾名思义，录音就是记录声音，那么记录声音都需要什么？最简单来说，需要一个收集声音并把声音转变成电信号的东西，那也就是我们通常所说的话筒了；还需要一个记录声音的东西，那也就是录音机了。

那么进一步说，录音的基本过程又是如何呢？其基本过程包括：拾音过程；声、电转换过程；声音调节过程（包括前期的 EQ、压限、音量等），这实际上是对电流的调节；声音的记录过程，通过多轨机、电脑、录音机等进行记录；声音的处理过程，也就是平常所说的缩混过程。即使再复杂的录音也是由这几个过程完成的。

3. 录音拾声的技巧

（1）单个人声拾音。最简单的人声拾音是用一个 MIC 录一个人的声音，把 MIC 调为心形或超心形指向，让人的嘴直接对着话筒即可。话筒与嘴的距离大概分为如下几类。

1）最通常的录法。用这种方法拾音时嘴离开 MIC 20cm 左右，而且要叮嘱歌手，在唱的时候不要左右或前后晃动。这样，对于一些没什么太多录音经验的歌手是很有好处的，因为这样可以保证他们在唱整首歌曲时音质统一。

2）录具有亲切感的人声。上面所讲的拾音方法，在某种程度上说，录出来的声音有些偏冷，因为与 MIC 的距离不在 MIC 的近讲效应的范围之内。在这里，首先讲一下什么是近讲效应。简单地说，声源离 MIC 的距离越近，MIC 所拾取的低频部分就越多，也就是说，你唱歌的时候离 MIC 越近，你所听到的声音的低频就越丰满。但是，如果离 MIC 太近的话，就会使 MIC 产生过多的低频谐波共振，从而导致低频的变形、失真。然而，在不使声音过度失真的前提下，可以有效地利用这种“近讲效应”，使得拾取的声音更加丰满，并且具有一定的亲切感。

3）录美声唱法的人声。在录制美声唱法时，不需要什么亲切感，美声唱法最关键的是要使人声流畅、干净，并且尽量减少呼吸的声音。那么，在录制美声唱法时，嘴与 MIC 的距离在 40～50cm 都是可以的。

（2）简单的常用乐器拾音。可用以下乐器进行拾音：吉他，MIC 对准吉他的共振孔，距离 20cm 左右即可；小提琴，MIC 从侧面对准琴箱以及琴弦的方向，距离 30～40cm 即可；长笛或竹笛，MIC 对准乐器，距离 2m 左右；二胡，MIC 对准腔体，距离 50cm 左右。

当然，以上讲的只是一些最简单的乐器拾音方法，如果想获得丰满的单乐器声音，大部分情况下，要用四五支 MIC 来拾取同一件乐器。

3.2.4 话筒放大器的使用

话筒放大器，简称“话放”，是对话筒输入的信号进行放大的设备。

无论我们把话筒插在调音台上、声卡上或是卡拉 OK 机上，这些设备都有一个（或多个）话放。还有一种是独立工作的话放，它只负责把话筒信号放大并且进行一些必要的处理，然后变成线路输出信号再输出出去。这种独立工作的话放一般来说是比较全面并且专业的，这里只讲这种话放，以及数字调音台上所带的话放。

这种独立工作的话放通常带有以下功能：压限器；EQ；扑声消除器；嘶声消除器；噪声门。

以人声举例：当歌手演唱的是一首慢歌时，那么对声音的要求在绝大部分的情况下是流畅、稳定。在压限器上，要做的就是适当降低启动时间，增加恢复时间，降低阈值，并且增加压缩比，通常使用的经验是：启动时间为60ms左右，恢复时间为150ms左右，阈值为–20dB左右，压缩比为4:1或6:1。当然，这个数字不是一定的，不同的人声、不同的设备等为不同的条件，都会产生不同的压限器调节。

当歌手演唱的是一首快歌时，对声音的要求是爆发力强，并且干净、不拖泥带水。在压限器上，要做的就是适当增加启动时间，降低恢复时间，提高阈值，并且使用更加大的压缩比。我通常使用的经验是：启动时间为150ms左右，恢复时间为50～20ms左右，阈值为–8dB左右，压缩比为8:1～10:1。

在前期录制人声的时候，很难把声音的动态一次性都调整好，在后期缩混的时候一般还要继续调整。

嘶声消除器，在大部分的话放上设定这个比较简单，只需要设定门限和消除量即可，嘶声消除的重点是要使声音不因为处理而变得浑浊。至于录其他的乐器，在调整压限器的时候把握一个重点就是：所有的声音经过压限器的处理之后都尽量不要带有压缩过的痕迹，都要流畅。

3.3 编辑数字音频

3.3.1 数字音频处理软件概述

数字音频软件是音频编辑处理的核心，同样也是我们操作的对象。它决定了编辑数字音频的工作习惯及工作重点。因此所有的数字音频软件系统都是以软件名字来命名的，例如ProTools系统、Nuendo系统或StudioOne系统等。

3.3.2 音频性能的优化

简单根据响度来判断声音是否有效是低效的方式，有些时候环境噪音甚至录音设备的底噪都是十分难缠的，提取出的有效信息很难说是人声。以波的周期为单位截取人声不论对错，但是依靠样本相变来判断周期是一定不靠谱的。由于采样设备和采样率的缘故，有的时候连续很长时间也不会出现相变的情况，很难保证缓冲区不溢出。综上所述，接下来的改进思路就是：完善周期确定方式和采样点在响度判断安静的基础上加上频率判断人声是否存在。

3.3.3 单轨剪辑和音效处理

音效就是指由声音所制造的效果，是指为增进场面的真实感、气氛或戏剧信息，而加于声带上的杂音或声音。所谓的声音则是乐音和效果音，包括数字音效、环境音效、MP3音效（普通音效、专业音效）。

音效或声效（Sound effects 或 Audio effects）是人工制造或加强的声音，用来增强对电影、电子游戏、音乐或其他媒体的艺术或其他内容的声音处理。

在电影和电视制作中，一个音效是录制和展示的一个声音，用于不通过对话或音乐来给出特定的剧情或创意。这个术语经常用来指代用于录制的处理过程，而不用于指代该录音本身。在专业影视制作中，对话、音乐和音效录制的分离是很严重的，必须理解在这个上下文中，录制下来的对话和音乐从来不作为音效，而应用在它们上的处理过程常常是音效。

3.3.4 多轨编配

多轨编配是指将音频以某种特定规则分配到若干个音频轨道中进行编辑的一种方式。这样编辑可以让每个声轨的音量自由控制调试，也可以让对于某一音轨的相位及效果器添加变得更加便捷。

3.3.5 混音基础

混音（Audio Mixing，常简称为 mix）是音乐制作中的一个步骤，常常也会缩写成 MIX。它是把多种来源的声音，整合至一个立体音轨（Stereo）或单音音轨（Mono）中。这些原始声音信号，可能分别来自不同的乐器、人声或管弦乐，收录自现场演奏或录音室内。在混音的过程中，混音师会将每一个原始信号的频率、动态、音质、定位、残响和声场单独进行调整，让各音轨最佳化，之后再叠加于最终成品上。这种处理方式，能制作出一般听众在现场录音时不能听到的层次分明的完美效果。

过去用来混音的常见设备，主要是合成器（Sound Module）、音效处理器（Signal Processor）与混音座（Mixing Console）；近年来随着电脑科技进步，也开始流行以音乐制作软件混音，仅需使用一台电脑及混音软件，便可完成复杂的混音作业。

3.3.6 缩混过程简介

通常缩混是从节奏乐器开始的，因为它是整个音乐律动的根本框架，例如架子鼓。在编曲中底鼓往往与贝斯会有一定的配合所以底鼓和贝斯会放到一起进行缩混，然后应该是军鼓的混音以及踩镲和高低桶鼓的缩混，最后才是吊镲的缩混。主要节奏乐器混音结束后就是一些节奏性伴奏织体的混音，通常在这里我们需要对一些节奏吉他以及钢琴的柱式和弦进行缩混。当然在每个阶段混音后我们需要放出人声检查一下是否会存在相位抵消以及频率掩盖等问题所带来的清晰度下降、声音宽度下降、声音力度下降等。当全部伴奏织体呈现出来以后就可以开始对一些铺地音色进行混音了，例如弦乐器、铺地的电子音色。最后我们可以把一些点缀性的小件打击乐器混到其中。如果后续需要进行母带处理的话，可以在总线上插入一个压缩器，主要以控制动态为主，不需要调整得太过精细，但要保证压缩的清晰度。

1. 缩混 —— EQ 扫频与降噪

均衡器是混音中最重要的音频处理器之一，通过改变某个频率范围的增益或衰减来得到我们需要的声音。在混音过程中，我们一般会使用均衡器扫频来确定某一乐器的频率共振，并将此乐器的共振进行衰减处理，减少共振所带来的频率冲突。同样，我们也可以使用均衡器扫频来找出音频中噪声的频率位置及频率范围，并通过衰减来减少噪声所带来的影响。

2. 缩混——关于乐器的摆位和混响的初步使用

乐队中每件乐器都有着自己的空间宽度感与空间深度感。也就是说乐器需要在特定的位置上才能够发挥每一件乐器音色上的性能与特点。无论空间宽度还是空间深度，实际上说的是一个相对真实的空间，那么混响的使用目的就是搭建这个相对真实空间。通过不同类型的混响搭配来实现空间架构，并将整个乐队置入其中。

除此之外，乐器之间的层次距离又是什么决定的呢？有很多人认为，混响决定了远近距离，其实并非如此。我们可以通过一个简单的例子来解释这个误区。例如两个人一同从饭店大堂交谈着向门口走，当两个人走出大堂的时候空间混响发生了变化，那么一个人听另一个人说话的距离会有变化吗？很显然是不会的，两个人距离并没有变，改变的仅仅是空间。那么什么决定了距离的远近呢？是频率。是在距离变化时高中低频的衰减速度不同所造成的。也就是说通过改变频率是可以调整乐器之间的层次距离的，所以在乐器摆位中均衡器同样也是必不可少的利器。

3.3.7 声音调整及输出

当作品缩混完毕后，输出的工作就可以进行了。不过在输出之前需要对整体音乐的高中低频及音量进行一次整理，也就是我们常说的母带处理。

关于输出方式上基本上可以分为实时输出和数据输出两个类型。实时输出相当于将音频轨中的声音重新在电脑中内录一次，也就是说，音频播放时间与输出时间相等，当然这种输出方式可以更有效地还原所听到的声音，不会因为数据计算上的各种问题造成失真。数据输出是以数据计算采样的方式进行输出的，这个输出时间跟计算机配置与采样率有关。采样率越大，时间就会越久；计算机配置越低，输出时间就会越长。所以在输出的时候需要考虑输出的音频质量和声音时长。

3.4 应用数字音频

3.4.1 贴唱

贴唱是指伴奏已经混音完成，然后只有伴奏和人声两轨，再制作混音，由于伴奏的各个音轨已经混完，所以可以改动的空间很小，需要巧妙地把人声放进去。而混音是指全部的音轨都是分轨，你可以根据频率空间的需要调整每一轨的参数，灵活度高。

3.4.2 广告音乐制作

广告音乐是为表现广告主题，配合画面及语言而使用的音乐形式之一。这种音乐在制作过程中往往会选用旋律简单明快的音乐线条，这会使品牌更有辨识度，就像“娃哈哈果奶”的广告曲一样。相信无论你是否看到画面，你都能够很快地辨识出它是哪个品牌的广告。

3.4.3 动画片音乐制作

动画片音乐制作与影视音乐制作类似。不过在某种程度上讲，经典的动画片音乐更会让人百听不厌，甚至于某些动画片音乐会勾起我们童年时候的回忆。在制作动画片音乐时，我们要考虑的是音乐是否能够突出动画片积极向上的那种氛围，另外动画片市场也并非完全是儿童，所以也不一定要把旋律和配器写得很幼稚，这也需要考虑动画片所适应的年龄段来进行制作。

3.4.4 游戏音效设计

从目前国产游戏的音效结构来看，可以按以下方式简单分类。

（1）单音音效。单音音效是指单个 WAV 文件为一个独立音效，游戏中的音效绝大部分都是单音音效，由程序调用发声并控制远近、左右位置。

（2）复合音效。复合音效是指具有多个声音元素，在游戏过程中由程序即时对这些元素合成发声的音效。有的游戏专为声音设计了复合音效引擎。这种音效最大的优点是元素可以重复使用，有效控制了音效元素的下载负担，而且变化丰富；缺点是制作难度大，技术要求复杂。

（3）乐音音效。乐音音效更像是一小段音乐，通常在进入地图的时候闪现出来，这种音效属于音乐制作范畴，通常由音乐制作方来制作。

（4）界面音效。界面音效是用于界面操作的音效，界面音效贯穿整个游戏过程，如菜单弹出收回、鼠标选定、物品拖动等。

（5）NPC 音效。NPC 音效是所有与角色相关的音效，如脚步声、跑步声、死亡声、被攻击的叫声等。

（6）环境音效。环境音效是自然环境声，如风声、湖水涟漪的轻声、瀑布声、鸟鸣等。

（7）技能音效。技能音效主要指各种攻击声音，如刀的舞动、矛的冲刺、踢、打、爆炸等音效。

（8）背景音效。背景音效主要指游戏中不同场景、不同地图的音乐，如不同地图搭配不同风格的音乐、回合制游戏中战斗场景中的战斗配乐等。

本章小结

本章通过介绍数字音频在数字媒体技术中的重要作用，阐述了数字音频的采集方法和不同文件格式的具体应用。本章还对采集的数字音频进行除噪、调整和特效处理，利用音频编辑软件进行单轨、多轨的编辑输出，数字音频不同的制作方法及运用进行了概述。

思考题

1．简述各频段的处理方式。
2．简述录音的基本概念及流程。
3．简述数字音频的优势。
4．谈谈你对数字音频的认识。

4

数字视频处理技术

视觉是人类感知外部世界的一个最重要的途径。在人类的信息活动中，所接收的信息 70% 来自视觉，视觉媒体以其直观生动的特点而备受人们的欢迎，而活动图像是信息量最丰富、直观、生动、具体的一种承载信息的媒体，它是人类通过视觉传递信息的媒体，简称视频。视频是多媒体的重要组成部分，是人们容易接受的信息媒体，包括静态视频（静态图像）和动态视频（电影、动画）。

4.1 认识数字视频

视频（Video），指由一系列静态的画面组成的，利用摄像机之类的视频捕捉设备，以电信号方式记录、存储、处理、传送和重现的技术。数字视频不仅用于数字电视（包括 HDTV）、电影、DVD，还用于移动电话、视频会议系统和互联网等媒介。

数字视频使用数字视频信号而不是模拟视频信号。数字视频可以多次复制，几乎不会降低质量，可以使用现成的硬件和软件进行编辑。此外，数字视频的磁带或储存卡成本明显低于 35mm 胶片。

4.1.1 概述

1. 数字视频技术的发展

早期的数字视频实验是在 20 世纪 60 年代由诸如英国广播公司（BBC）和贝尔实验室等机构的研究部门进行的，目标是消除或最小化通过地面微波中继和同轴电缆电路发送的电视的视频输入的噪声和失真。

从 20 世纪 70 年代末到 80 年代初，引入了几种不同的视频制作设备，通过采用标准模拟视频采集和内部数字化。类似的设备包括时基校正器（TBC）和数字视频效果（DVE）单元，这些系统使得校正或增强视频信号更容易（如 TBC）或操纵和添加视频效果（如 DVE 单元）。之后，来自这些单元的数字化处理过的视频将被转换回标准模拟视频。

后来，专业视频广播设备的制造商，如 Bosch（通过他们的 Fernseh 部门）、RCA 和 Ampex，在他们的研发实验室里开发了数字录像机的原型。然而，这些早期机器都没有在商业上销售。

数字视频于1986年首次在商业上推出，采用索尼D-1格式，以数字形式记录未压缩的标准清晰度分量视频信号，而不是在此之前普遍使用的高频模拟形式。由于成本高，D-1主要用于大型电视网络，它最终被使用压缩数据的更便宜的格式取代，最著名的是索尼的数字Betacam，仍然被专业电视制作人大量用作现场录制格式。

消费级数字视频首先以QuickTime格式出现，基于Apple Computer的时间和流数据格式架构，最早在1990年左右出现。最初的消费者级视频创建工具很粗糙，需要将模拟视频源数字化为计算机可读格式。虽然起初质量低，但消费者数字视频质量上升很快，首先是MPEG-1和MPEG-2等播放标准（用于电视传输和DVD媒体）的引入，然后是DV磁带格式的出现。

这些创新使得直接记录数字数据、简化编辑过程成为可能，并让非线性编辑系统在台式计算机上能够广泛而廉价地装备，并且无需外部回放或记录设备。数字视频的广泛采用也大大减少了高清电视信号所需的带宽（使用HDV和AVCHD，以及DVCPRO-HD等几种商业版本，所有这些都使用比标准清晰度模拟信号更少的带宽）和基于闪存的无带宽便携式摄像机，通常是MPEG-4的变体。

2. 数字视频技术的优点

数字视频的制作和编辑成本越来越低，价格越来越便宜的硬件和视频编辑软件使得视频制作和编辑越来越简单。即便是高预算的电影也可以完全利用唾手可及的硬件和软件来制作，如《冷山》，就完全是在Apple的非线性编辑软件Final Cut Pro上编辑的。

数字视频成本远低于35mm胶片，因为数码录像带可以多次擦除和重新录制，无需加工即可在现场观看，而磁带和储存卡本身远比35mm胶片便宜。（60min的MiniDV磁带在批量购买时每个售价约为3美元；32G储存卡大约能拍270min，售价约10美元；相比之下，35mm胶片库存每分钟约1000美元，包括加工。）

另外，数字视频可以无失真地进行无限次复制，而模拟视频信号每转录一次，就会有一次误差积累，会产生信号失真。并且模拟视频在长时间存放后视频质量会降低，而数字视频不会，更有利于长时间的存放。

数字视频在电影制作之外也很有用，如数字电视（包括高质量的高清电视）在21世纪初期开始在大多数发达国家传播。数字视频也用于现代移动电话和视频会议系统，此外，它还用于媒体的互联网分发，包括流媒体视频和点对点电影发行。

4.1.2 彩色电视广播标准

彩色电视广播标准是地面电视信号传送和接收的编码格式标准。到2012年左右，全世界有三种主要的模拟电视系统在使用：NTSC、PAL和SECAM。现在，在数字电视（DTV）中，全球有四种主要系统在使用：ATSC、DVB、ISDB和DTMB。

1. 模拟电视系统

模拟电视系统有下面3种制式。

（1）NTSC制式。NTSC制式，又简称为N制，是1952年12月由美国国家电视系统委员会（National Television System Committee）制定的彩色电视广播标准，两大主要分支是NTSC-J与NTSC-US（又名NTSC-U/C）。

这种制式的色度信号调制包括了平衡调制和正交调制两种，解决了彩色黑白电视广播的兼容问题，但存在相位容易失真、色彩不太稳定的缺点，故有人称 NTSC 为 Never The Same Color 或 Never Twice the Same Color（不会重现一样的色彩）。

美国、加拿大、墨西哥等大部分美洲国家以及日本、韩国、菲律宾等国均采用这种制式。随着技术的发展，上述许多国家已在 2012 年前后改用 ATSC、ISDB 或 DVB-T 播放。

（2）PAL 制式。PAL 制式是电视广播中色彩调频的一种方法，于 1963 年由德国人沃尔特·布鲁赫提出，全名为逐行倒相（Phase Alternating Line）。在 2012 年以前，除了北美、东亚部分地区使用 NTSC 制式，中东、法国及东欧采用 SECAM 制式以外，世界上大部分地区都是采用 PAL 制式。

PAL 制式克服了 NTSC 制式相位敏感造成色彩失真的缺点，但成本较高、彩色闪烁。这里需要特别说明一下，电影一般是以每秒 24 格拍摄，而在 PAL 制式电视播放电影时是以每秒 25 格播放，播放的速度因而比电影院内或 NTSC 电视快了 4%。这种差别造成了如果没有校正补偿，仔细聆听就能发现电影内的音乐高了一个半音。

目前许多使用 PAL 的国家已经转换或正在将 PAL 转换为 DVB-T（大多数国家）、DVB-T2（大多数国家）、DTMB（中国）和 ISDB（斯里兰卡、马尔代夫、博茨瓦纳和南美洲部分国家）。

（3）SECAM 制式。SECAM 制式（法语：Séquentiel couleur à mémoire），又称塞康制，意为“按顺序传送彩色与存储”，1966 年由法国研制成功，它属于同时顺序制。

在信号传输过程中，亮度信号每行传送，而两个色差信号则逐行依次传送，即用行错开传输时间的办法来避免同时传输时所产生的串色以及由其造成的彩色失真。

SECAM 制式特点是不怕干扰、彩色效果好，但兼容性差。法国已于 2011 年停止使用 SECAM，改为 DVB 播出。

2. 数字电视系统

与模拟电视系统相比，全球数字电视系统的情况要简单得多。大多数数字电视系统基于 MPEG 传输流标准，并使用 H.262/MPEG-2 第 2 部分视频编解码器，它们在传输流如何被转换成广播信号的细节方面，即在编码之前（或者在解码之后）以视频格式还是以音频格式输出显然不同。但这并没有妨碍制定包括两个主要系统的国际标准，尽管它们几乎在所有方面都不相容。

两个主要的数字广播系统——DVB-T 地面电视系统和 DVB-C 有线电线系统是 ATSC 标准，由高级电视系统委员会开发并在北美大部分地区作为标准采用，DVB-T 是数字视频广播一地面系统，用于世界其他大部分地区。DVB-T 的设计符合欧洲现有直播卫星服务的格式兼容性（使用 DVB-S 标准，并且在北美的直接到户卫星天线提供商中也有用）。虽然 ATSC 标准还包括对卫星和有线电视系统的支持，但这些系统的运营商已经选择了其他技术（主要是用于卫星的 DVB-S 或专有系统以及用于替代 VSB 用于电缆的 256QAM）。日本使用与 DVB-T 密切相关的第三个系统，称为 ISDB-T，它与巴西的 SBTVD 兼容。中国开发了第四个系统，名为 DTMB（DMB-T/H）。

（1）ATSC。ATSC（Advanced Television Systems Committee）是一套通过地面、有线和卫星网络进行数字电视传输的标准，它主要是 NTSC 制式的替代品，与该标准一样，主要用于美国、墨西哥和加拿大。NTSC 的其他前用户，如日本，在转向数字电视时，没有选择 ATSC。

ATSC 是在 20 世纪 90 年代初由大联盟（Grand Alliance）开发的，大联盟是一个电子和电信公司联盟，它们确立了今日的 HDTV 标准（高清电视）。

ATSC包括两种主要的高清视频格式，即1080i和720p，它还包括标准清晰度格式，尽管最初只有HDTV服务以数字格式发布。ATSC可以在单个流上包含多个轨道，并且通常包含一个高清信号和若干NTSC制式的标清信号。

（2）DVB。DVB（Digital Video Broadcasting）是由DVB Project维护的一系列为国际所承认的数字电视公开标准。该标准旨在提供卓越的抗多径干扰能力，并可选择不同的拥有数据传输速率的系统。

DVB标准传输方式有如下几种：卫星电视（DVB-S，DVB-S2及DVB-S2X）；有线电视（DVB-C及DVB-C2）；地面电视（DVB-T及DVB-T2）；手持式数字视频广播（DVB-H，DVB-NGH及DVB-SH）。

在其发源地欧洲，以及在澳大利亚、南非和印度，DVB已经或正在普及。在多数的亚洲、非洲及南美国家，有线和卫星采用了DVB标准。除南美国家尚未确定地面广播标准（DTTV）外，其余国家已确定采用DVB-T标准。

（3）ISDB。ISDB（Integrated Services Digital Broadcasting）即综合数字服务广播，是日本自主制定的数字电视和数字音频广播标准制式，由电波产业会制定，用于该国的广播电视网络。ISDB取代了以前使用的MUSE高清晰度的模拟HDTV系统。

ISDB-T国际版，又称SBTVD（葡萄牙語：Sistema Brasileiro de Televisão Digital，巴西数字电视系统）、ISDB-Tb，是ISDB的衍生制式，由巴西政府制定，并在南美洲广泛采用。

（4）DTMB。DTMB（Digital Terrestrial Multimedia Broadcast）即地面数字多媒体广播，原名DMB-T/H（Digital Multimedia Broadcast-Terrestrial/Handheld），是中国数字影像广播标准，由我国定制有关数字电视和流动数字广播的制式。该制式现服务我国一半的电视观众，尤其是郊区和农村地区。

DTMB只制定了资料传输标准MPEG-TS，但没有规定广播串流编码制式。以香港为例，2012年10月28日前同步广播频道及新频道曾经分别使用MPEG-2第二部分和H.264作为广播的视频编码，但现时所有数码广播频道都已经使用H.264广播；音频编码则可以AC3、MP2以及DRA之间选择。大陆则推行AVS及其升级版本AVS+为视频编码标准，但也有使用MPEG-2的。

DTMB的传输效率或频谱效率高，DVB-T的传输效率只能达到DTMB的90%。此外，DTMB还有抗多径干扰能力强、信道估计性能良好和适于移动接受的特点。

4.1.3 数字视频的格式

数字视频通常需要在具有足够磁盘空间的设备上编辑。采用标准DV / DVCPRO压缩的数字视频每分钟约占用250MB空间。

数字视频有许多不同的压缩格式，以适应网络、DVD等传播媒介。虽然数字技术允许各种各样的效果编辑，但最常见的是像DV视频这样的可允许重复剪辑而不会降低质量的视频格式，因为帧与帧的任何压缩都是无损的。虽然DV视频在编辑时没有压缩超出自己的编解码器，但是文件大小对于传送到光盘或通过互联网来说是不实际的，这个时候就需要使用Windows Media、MPEG2、MPEG4、Real Media、H.264等编解码器对视频进行压缩。最广泛使用的通过互联网传输视频的格式可能是MPEG4，而MPEG2几乎专门用于DVD，以最小的文件大小提供出色的图像，但导致相当大的CPU消耗以进行解码。

为了适应储存视频的需要，人们设定了不同的视频文件格式来把视频和音频放在一个文件中，以方便同时回放。而采取的不同文件格式被称为封装格式，它是由相应的公司开放出来的。视频文件的后缀名即表明其采用的相应的视频封装格式名称。下面介绍几种常见的封装格式（表 4-1）。

表 4-1　常用视频封装格式及对应的文件格式

视频封装格式	视频文件格式
AVI（Audio Video Interleave）	.AVI
QuickTime File Formate	.MOV
MPEG（Moving Picture Experts Group）	.MPG、.MPEG、.MPE、.DAT、.VOB、.ASF、.3GP、.MP4
Matroska	.MKV
Real Video	.RM、.RMVB
Flash Video	.FLV

（1）AVI 格式（后缀为 .AVI）：AVI（Audio Video Interleave）早期由微软（Microsoft）开发，其目的就是把视频和音频编码混合在一起储存。AVI 也是最长寿的格式，但已显老态。AVI 格式的限制比较多，只能有一个视频轨道和一个音频轨道（现在有非标准插件可加入最多两个音频轨道），还可以有一些附加轨道，如文字等。AVI 格式不提供任何控制功能，其主要缺点是文件体积比较庞大，压缩标准不统一。

（2）QuickTime File Formate（以下简称 QuickTime）格式（后缀为 .MOV）：QuickTime（MOV）是苹果公司（Apple）开发的音/视频格式，允许包含一个或多个轨道，每个轨道可存储一种特定类型的数据（音频、视频或字幕）。QuickTime 格式非常适合编辑，被包括 Apple Mac OS、Microsoft Windows 在内的所有主流计算机平台支持。该格式支持多种视频和音频编码，并可以通过 Internet 提供实时的数字化信息流、工作流与文件回放功能，其最主要的优点是具有较高的压缩比率和较完美的视频清晰度等特点，并可以保存 alpha 通道。

（3）MPEG 格式（文件后缀可以是 .MPG、.MPEG、.MPE、.DAT、.VOB、.ASF、.3GP、.MP4）：Moving Picture Experts Group 是一个国际标准化组织（ISO）认可的动态图像压缩算法，大部分主流计算机平台都支持，它采用了有损压缩方法从而减少动态图像中的冗余信息。目前常用的是 MPEG-4，是为了播放流式媒体媒体的高质量视频而专门设计的，以求使用最少的数据获得最佳的图像质量。其储存方式多样，可以适应不同的应用环境。

（4）Matroska 格式（后缀为 .MKV）：Matroska（Matroska Multimedia Container）是一种新的、开源并免费的封装格式，允许在一个文件中包含多种不同编码的视频及 16 条或以上的不同编码的音频和语言不同的字幕轨道。“Matroska”一词的来源就是俄罗斯套娃。Matroska 同时还可以提供非常好的交互功能，而且比 MPEG 更方便、强大。

（5）Real Video 格式（后缀为 .RM、.RMVB）：Real Video 是由 RealNetworks 开发的一种视频文件格式，它通常只能容纳 Real Video 和 Real Audio 编码的媒体。此格式带有一定的交互功能，允许编写脚本以控制播放。RM，特别是可变比特率的 RMVB 格式，体积小而质量高，曾非常受网络上传者的欢迎。但实际上 RMVB 编码和 H.264 这个高度压缩的编码相比，体积会较大，随着时代的发展已逐渐被更多更优秀的格式替代。

（6）Flash Video 格式（后缀为 .FLV）：Flash Video 格式是由 Adobe Flash 延伸出来的一种流行网络视频封装格式。其特点是文件体积小、加载速度快，在视频网站上非常普及。

所谓视频编码方式就是指通过特定的压缩技术，对数字视频进行压缩或解压缩的程序或设备；也可以指将某个视频格式文件转换成另一种视频格式文件的方式。通常这种压缩都是有损压缩，下面介绍两种常见的视频编码。

（1）H.26X 系列。由国际电信联盟（International Telecommunication Union，ITU）主导，包括 H.261、H.262、H.263、H.264、H.265。

H.261 主要用在老的视频会议和视频电话产品中；H.263 主要用在视频会议、视频电话和网络视频上；H.264/MPEG-4 或称 AVC（Advanced Video Coding，高级视频编码）是目前应用最为广泛的视频压缩标准，用于高清视频的录制、压缩和发布；H.265 或称 HEVC（High Efficiency Video Coding，高效率视频编码）是 H.264/MPEG-4 的继任者，HEVC 不仅仅能提高画质，还增加了一倍的压缩率，能支持 4k 和 8k 分辨率，是将来的发展趋势。

（2）MPEG 系列。MPEG 系列由国际标准组织机构（ISO）下属的运动图像专家组（MPEG）开发，包括 MPEG-1、MPEG-2、MPEG-4。

MPEG-1 主要用于 VCD 和一些在线视频上，其质量与原有的 VHS 录像带相当；MPEG-2 主要用于 DVD、SVCD 和大部分的数字广播系统，等同于 H.262；MPEG-4 第二部分使用在网络传输、广播和媒体存储上，相比 MPEG-2 压缩率有所提高；MPEG-4 第十部分和 ITU 的 H.264 标准是一致的，故又称 H.264。

4.1.4 数字视频的趋势

1. 逐行扫描和隔行扫描

数码摄像机有两种不同的图像捕获形式：隔行扫描和逐行扫描。隔行扫描的相机以交替的线组记录图像，即以交替的方式扫描奇数行和偶数行，每组奇数或偶数行被称为“场”，并且两个相反奇偶校验的连续场的配对被称为“帧”。

逐行扫描数字摄像机将每个扫描行按次序一行接一行扫描，扫描一场就是一帧。消除了隔行扫描行间闪烁现象。因此，当逐行视频以每秒相同的帧数运行时，隔行视频每秒捕获的场数是逐行视频的两倍。因此，视频具有“超真实”的外观，因为它每秒绘制 60 次不同的图像，而胶片每秒记录 24 或 25 个逐行帧。

逐行扫描摄像机（例如 Panasonic AG-DVX100）通常因其与胶片共享的相似性而更受欢迎，它逐行拍摄帧，产生更清晰的图像。逐行扫描摄像机可以以每秒 24 帧的帧速率进行拍摄，并出现动作频闪（当快速移动时，主体模糊）。因此，逐行扫描摄像机往往比隔行扫描摄像机更昂贵。（尽管数字视频格式每秒仅允许 29.97 个隔行扫描帧，但每帧可显示 24 帧每帧逐行扫描视频，并为某些帧显示相同图像的 3 个场。）

标准的电影胶片，例如 16mm 和 35mm 胶片，以每秒 24 或 25 帧的速度记录。对于视频，有两种帧速率标准，NTSC 和 PAL，分别以每秒 30/1.001（约 29.97）帧和每秒 25 帧的速度拍摄。

在数字视频格式中常常能看到 i 和 p，其中 i 是 interlace，代表隔行扫描；p 是 progressive，代表逐行扫描。例如一 NTSC 制节目共 525 行扫描线，每秒 60 场图像，如果是隔行扫描，就表示为 60i 或 525i；如果是逐行扫描就称为 60p 或 525p。PAL 制节目为 625 行扫描线，每秒

50 场图像，若是隔行扫描就表示为 50i 或 625i，若是逐行扫描则表示为 50p 或 625p。

数字视频在复制时不会降低质量。无论数字源被复制了多少代，它都将与第一代数字素材一样清晰。目前大部分电视广播在播出、制作和发行领域已开始普遍采用逐行扫描的格式。

2. 数字视频的分辨率

视频制造厂商定义了一种接一种的分辨率标准，尽管这些设备使用不兼容的分辨率。他们坚持自己的分辨率，并从传感器到 LCD 重新调整视频数次。

截至 2007 年，数字视频生成的最高分辨率为 33 百万像素（7680×4320），每秒 60 帧（“UHDV”），然而，该分辨率仅在特殊实验室环境中得到证实。行业用和科学用的高速摄像机的最高速度已经能够在短暂的录制时间内，以高达每秒 100 万帧的速度拍摄 1024×1024 视频。

4.2 获取数字视频

视频需要使用摄像机（Video Camera）进行拍摄。摄像机是一种使用光学原理来记录影像的装置，最初用于电影及电视节目的制作，但现在在其他应用中也很常见。

如照相机一样，早期摄像机需要使用底片或录像带来进行记录。数字相机发明后，影像可以直接存储在闪存卡内。向数字电视的过渡推动了数字摄像机的发展，到了 2010 年，大多数摄像机都是数码摄像机。更新型的摄像机，则可以将影像资料直接储存在机身的硬盘中，不仅可以录制动态，还可以拍摄静态。家用便携式的摄像机机身轻、好操作，曾一度非常流行，但现在已渐渐被手机所取代。目前，摄影机以松下、索尼两大公司的产品为主，JVC 以及佳能正在逐步地扩大其产品的各项性能、特色等，向着高清数字视频方向发展。

摄像机主要用于两种模式。在第一种模式中，摄像机将实时图像直接馈送到屏幕以便立即观察，现在一些摄像机仍可用于电视直播制作，但大多数的实时传输现在是以安全、军事/战术和工业操作为目的，需要进行暗中或远程观看。在第二模式中，图像被记录到存储设备中以进行存档或进一步处理；多年来，录像带是用于此目的的主要形式，但逐渐被光盘、硬盘和闪存取代。录制的视频用于电视制作，近些年来更常见的是用于监控系统中，对无人值守的情况进行记录，并为后续分析提供依据。

现代摄像机具有许多新的功能和用途。

（1）专业摄像机：如在电视制作中使用的、固定在电视演播室内或是基于轨道移动的摄像机。这种相机通常为相机操作者提供精细的手动控制支持，不能自动操作，使用三个传感器分别记录红色、绿色和蓝色。

（2）便携式摄像机：将照相机和摄像机或其他录像设备组合在一个设备中的摄像机。便携式摄像机的机动性好，广泛用于电视制作、家庭电影、电子新闻采集（包括公民新闻）和类似的应用中。自数码摄像机普及以来，大多数摄像机都具有内置储存，因此也可被称作便携式摄像机。运动相机通常具有 360°录制的功能，如 Gopro。

（3）闭路电视：通常使用平移变焦摄像机，用于安保和监视等。这种摄像机设计得小巧，易于隐藏，并且能够在无人看管的情况下操作，经常用于工业或科学领域，尤其是在那些通常难以接近或使人类不舒适的环境中使用。若在这种恶劣环境（例如辐射、高温或有毒化学品暴露）下使用，闭路电视通常都会被加固。

（4）网络摄像机：将实时视频源流式传输到计算机的摄像机。

（5）手机相机：集成到手机中的摄像机。手机已成为新的视频拍摄宠儿，人们现在可以随时随地拍摄视频，并即时上传到网络上。

（6）特殊的相机系统：用于科学研究，如卫星、太空探测器、人工智能、机器人以及医疗的相机。这种相机通常针对红外（用于夜视和热感测）或 X 射线（用于医学和视频天文学）的不可见辐射进行调谐。

4.3 编辑数字视频

4.3.1 线性编辑与非线性编辑

1. 线性编辑

线性编辑（Linear Editing），是一种磁带编辑的方式。在影音尚未数字化的 20 世纪，影片剪辑采用线性编辑方式，也就是拍摄的母带和成品必须同步边放边录。由磁带录制的视频在影像后期制作和编辑的过程中，按照磁带上的时间顺序排列素材，顺序将素材编辑成新的连续画面，再以插入编辑的方式对某一段进行同样长度的替换。因为每次改动后，改动点以后的所有部分都将受到影响，需要重新编辑一次或者进行复制。所以，想要删除、缩短、加长中间的某一段，除非将该段之后的画面抹去重录。这种技术意味着镜头组接的顺序一旦确定就不能再轻易更改。

2. 非线性编辑

非线性编辑（Non-linear Editing），简称 NLE，是与对原始数据破坏性编辑的线性编辑相对的一种视频、音频编辑方式。非线性编辑是电影和电视后期制作中的一种现代剪接方式，它意味着能存取视频片段中的任意一帧。非线性编辑的概念类似于最初使用在电影剪接中“剪”和“接”的手段，但是，在电影剪接的过程中，它是一个破坏性的过程，电影底片必须被剪断。数字视频技术出现后，产生了非线性剪接手段。

非线性编辑是对视频或音频的素材通过电脑设备或其他数字随机存取的方式进行编辑，提供了更灵活的影片编辑方式和简单项目管理等诸多优点，特别是理论上素材质量不会损失。另外，非线性编辑借助计算机来进行数字化制作，几乎所有的工作都在计算机里完成，不再需要那么多的外部设备，对素材的调用也是瞬间实现，不用反反复复在磁带上寻找，突破单一的时间顺序编辑限制，可以按各种顺序排列，具有快捷简便、随机的特性。

20 世纪 90 年代，随着个人电脑运算能力的提升和普及，非线性编辑已经在家庭或个人使用中普遍应用，非线性编辑软件也出现越来越多的选择。从系统自带的 Windows Movie Maker（Windows，已不再更新，被新的 Microsoft Photo 所替代）和 iMovie（Mac），到免费的 Sony Vegas、Hitfilm Express、DaVinci Resolve 和 Shotcut，以及专业性的 Final Cut Pro，Vegas Pro 和 Adobe Premiere 等，任何人都可以选择合适的视频编辑软件来完成自己的视频创作。

4.3.2 常见视频编辑软件

现在的视频编辑软件种类繁多，下面我们就来简单介绍其中一些视频编辑软件。

1. 系统自带的视频编辑软件

系统自带的视频编辑软件有以下两种。

（1）Windows Movie Maker。Windows Movie Maker是微软出品的一款Windows系统附带的视频编辑软件，历史悠久，从2000年开始就一直存在。

它的功能比较简单，可以组合镜头、声音，加入镜头切换的特效，只要将镜头片段拖入就行，很适合家用摄像后的一些小规模处理。

Movie Maker于2017年1月10日正式停用，在Windows10系统中，被内置在Microsoft Photo应用程序中的Windows Story Remix取代。Story Remix是一款3D视频编辑软件，它通过使用AI和"深度学习"来整理和转换照片、视频到故事中。Story Remix允许用户通过Photos应用程序中的图片和歌曲创建视频，它还包含为视频添加过渡、3D效果、音轨、3D动画和样式的功能。

（2）iMovie。iMovie是苹果公司为Mac和iOS（iPhone、iPad、iPad Mini和iPod Touch）编写的视频编辑软件，它最初于1999年作为Mac OS 8应用程序发布，与第一个支持FireWire的消费者Mac型号——iMac DV捆绑在一起。从第三个版本开始，iMovie一直是Macintosh电脑上的应用程序套装iLife的一部分。自2003年以来，所有新款Mac电脑都免费提供iMovie，之后于WWDC 2010推出了iOS版本。

iMovie使用大多数MiniDV格式数码摄像机上的FireWire接口或计算机的USB端口将视频素材导入Mac，它还可以从硬盘驱动器导入视频和照片文件。用户可以将照片和视频编辑并添加标题、主题、音乐和效果，包括基本颜色校正、视频增强工具、渐变和幻灯片等过渡。比较有特色的地方是，iMovie内置了一些主题模板，并通过故事板的形式来引导用户，按照软件一步步指示，也能做出不错的效果。

2. 免费的视频编辑软件

免费的视频编辑软件主要有以下几种。

（1）Hitfilm Express（图4-1）。HitFilm Express是由FXhome出品的一款出色的免费NLE，适用于Mac和PC。Hitfilm Express将视频编辑和视觉效果合成在一个软件包中，它包括140多种效果、过渡和预设。

Hitfilm Express的优点是支持2D和3D效果合成、支持4k和360°全景视频并且有许多视频教程和付费的插件可选。

（2）DaVinci Resolve。DaVinci Resolve由Blackmagic研发，是一款集线上线下编辑、色彩校正、音频后期处理和视觉特效于一身的视频编辑软件。Davinci Resolve还支持协同办公，图片编辑、视觉效果艺术家、调色师和声音编辑器现在可以并行工作，为每个人留出更多时间进行创作。

DaVinci Resolve 15现在内置了完整的Fusion视觉效果和动态图形。Fusion提供了一个完整的3D工作区，包含250多种工具，用于合成、矢量绘画、键控、旋转、文本动画、跟踪、稳定、粒子等。

（3）Shotcut。Shotcut是一个免费的开源跨平台视频编辑器，适用于Windows、Mac和Linux。Shotcut主要功能包括：支持各种视频和音频格式；无需导入；由Blackmagic Design支持输入和预览监控；支持4k分辨率；自带中文。

图 4-1　Hitfim Express 操作界面

Shotcut 还提供了 GPU 加速、拖拽处理视频、视频特效滤镜等功能。Shotcut 对于日常生活的视频剪辑需求是绰绰有余的，而且不用花费很多钱去购买专业的视频编辑软件。除 Shotcut 以外，还有另外一款开源软件——Kdenlive，它与 Shotcut 很相似，也可以满足日常需求。

3. 专业级视频编辑软件

专业级视频编辑软件主要有以下几种。

（1）Adobe Premiere。Adobe Premiere 由 Adobe 公司推出，是一款常用的视频编辑软件，现在常用的版本有 CS4、CS5、CS6、CC、CC 2014、CC 2015、CC 2017 以及 CC2018。Adobe Premiere（图 4-2）是一款编辑画面质量比较好的软件，有较好的兼容性，并有多种插件可选。Adobe Premiere 提供了采集、剪辑、调色、美化音频、字幕添加、输出、DVD 刻录的一整套流程，并和其他 Adobe 软件高效集成，足以完成在编辑、制作、工作流程上遇到的所有挑战，满足创建高质量作品的要求。目前这款软件广泛应用于广告制作和电视节目制作中。

（2）Adobe After Effects。Adobe After Effects 简称“AE”，是 Adobe 公司推出的一款图形视频处理软件，适用于从事设计和视频特技的机构，包括电视台、动画制作公司、个人后期制作工作室以及多媒体工作室，属于层类型后期软件。

Adobe After Effects 可以高效且精确地创建无数种引人注目的动态图形和震撼人心的视觉效果，利用与其他 Adobe 软件无与伦比的紧密集成和高度灵活的 2D 和 3D 合成，以及数百种预设的效果和动画，为电影、视频、DVD 和 Macromedia Flash 作品增添令人耳目一新的效果。

（3）Final Cut Pro。Final Cut Pro 是苹果公司开发的一款专业视频非线性编辑软件，第一代 Final Cut Pro 在 1999 年推出。新版本 Final Cut Pro X 包含进行后期制作所需的很多功能，如导入并组织媒体、编辑、添加效果、改善音效、颜色分级以及交付等操作都可以在该应用程序中完成。总地来说，这款软件简单易用，也更适合快速制作出专业效果。

图 4-2　Adobe Premiere 和 Adobe After Effects 有着优秀的协作性

Final Cut Pro 支持 DV 标准和所有的 QuickTime 格式，凡是 QuickTime 支持的媒体格式在 Final Cut Pro 中都可以使用，这样就可以充分利用以前制作的各种格式的视频文件，还包括数不胜数的 Flash 动画文件。

（4）Sony Vegas Pro。Sony Vegas Pro 是一个专业影像编辑软件，是 PC 上最佳的入门级视频编辑软件之一。索尼 Vegas 家族共有四个系列，包括 Vegas Movie Studio、Vegas Movie Studio Platinum、Vegas Movie Studio Platinum Pro Pack 和 Vegas Pro。其中前三个系列是为民用级的非线性编辑系统提供的产品解决方案，后一款 Vegas Pro 是为专业级别的影视制作者们准备的音视频编辑系统，可以制作编辑出更完美的视频效果，基本可以满足广大影视爱好者的需要。

Sony Vegas Pro 具备强大的后期处理功能，可以随心所欲地对视频素材进行剪辑合成、添加特效、调整颜色、编辑字幕等操作，还包括强大的音频处理工具，可以为视频素材添加音效、录制声音、处理噪声以及生成杜比 5.1 环绕立体声。此外，Sony Vegas Pro 还可以将编辑好的视频迅速输出为各种格式的影片，然后直接发布于网络、刻录成光盘或回录到磁带中。

4.4　应用数字视频

1. 电影

20 世纪末的一些电影主要使用类似于电视制作中使用的模拟视频技术进行录制，而随着现代数码摄像机和数字投影仪不断发展，时至今日，绝大多数的电影都已直接使用数字方式拍摄，得到的直接就是数字视频。

新兴的交互式电影，如 VR、AR 和 360°视频，也是以数字视频为载体的，使得观众能够改变观影的过程，在观看电影的体验中引入了额外的维度。

在传统的线性电影中，电影制作者精心地构建情节、角色，来让观众受到特定的影响。然而，交互式电影却是非线性的，这让电影制作者不再完全地控制故事情节的变化，而是与观众共享这种控制。观看者的愿望是以不同方式更自由地体验电影，而导演希望用更专业的技术手段来掌控故事，这二者之间存在着不可避免的矛盾。电脑技术要在为观众提供全新的自由体验感的同时，还要为电影制作者提供与已有相似的电影制作技术。

2. 数字电视

与早期的模拟电视相比，数字电视（Digital Television，DTV）是使用数字编码来传输电视信号（包括声音频道）的，而模拟电视则由模拟信号来承载其中的视频和音频。这项创新性的进步，是自 20 世纪 50 年代的彩色电视以来，电视技术的一次重大发展。

数字电视系统可以传送多种业务，如高清晰度电视（简写为“HDTV”或“高清”）、标准清晰度电视（简写为“SDTV”或“标清”）、互动电视、BSV液晶拼接及数据业务等。与模拟电视相比，数字电视具有图像质量高、节目容量大（是模拟电视传输通道节目容量的10倍以上）和伴音效果好的特点。

2006年左右，一些国家开始从模拟广播转变为数字广播。许多工业国家现在已完成转换，而其他国家则处于不同的适应阶段，世界各地都采用了不同的数字电视广播标准。以下是使用相对广泛的几种标准。

（1）数字视频广播（DVB），该标准已在欧洲、新加坡、澳大利亚和新西兰采用。

（2）高级电视系统委员会（ATSC），该标准已被六个国家采用：美国、加拿大、墨西哥、韩国、多米尼加共和国和洪都拉斯。

（3）综合业务数字广播（ISDB），该标准是一种旨在为固定接收机以及便携式或移动接收机提供良好接收的标准，其已在日本和菲律宾采用。ISDB-T International 是这一标准的改编版，已在南美大部分地区采用，并且也受到葡萄牙语非洲国家的欢迎。

（4）数字地面多媒体广播（DTMB），该标准已在我国采用，并已进入普及阶段。

（5）数字多媒体广播（DMB），该标准是韩国开发的一种数字无线电传输技术，用于向电视、广播传送多媒体，和向移动电话、笔记本电脑和GPS定位系统等移动设备传输数据。

3. 网络

数字视频还被广泛地应用于网络传播，包括流媒体和对等式网络。

流媒体（Streaming Media）指的是采用流式传输在网络上播放的媒体格式。它是指商家将视频节目用视频传输服务器当成数据包发出，传送到网络上。用户从另一端通过解压设备将数据解压，节目就会如原始视频一般显示出来。一些流行的流媒体视频共享网站像是YouTube；还有一些使用实时流式传输实时传输互联网内容的视频直播网站，如哔哩哔哩；Netflix 和 Amazon Video 以播放电影和电视节目为主。

在对等式网络（Peer-to-Peer）结构中，没有专用服务器，这样一来每个工作站既可以做客户机，也可以做服务器，其作用在于减低以往网络传输中的节点，以降低数据丢失风险。点对点技术有许多应用，共享包含各种格式的音频、视频、数据等文件是非常普遍的，即时数据（如IP电话通信，Anychat音视频开发软件）也可以使用P2P技术来传送。

本章小结

本章通过介绍数字视频在数字媒体技术中的重要作用，阐述了数字视频的采集方法、彩色电视广播的标准和不同视频格式的具体应用及优缺点。本章还探讨了线性编辑与非线性编辑的视频编辑方式，介绍了用于数字视频编辑的软件，并对数字视频的最终应用进行了概述。

思考题

1. 名词解释：数字视频、彩色电视广播标准、视频封装格式、视频编码、数码摄像机、线性编辑、非线性编辑、数字电视。

2．简述数字视频的优点。

3．简述 NTSC 和 PAL 的区别。

4．简述视频封装格式与视频编码的区别。

5．列举常见的视频封装格式。

6．简述非线性编辑的优势。

7．谈谈你对数字视频未来发展的看法。

5

数字动画处理技术

所谓动画，就是使一幅图像“活”起来的过程。从多媒体技术到数字媒体技术，再到今天的新媒体技术，动画作为内容制作的一种重要形式，极大地丰富了用户的视觉感观，也带来了更为直接生动的用户体验。

5.1　认识动画

5.1.1　动画的定义

动画一词翻译为英文是 Animation，而它的来源是拉丁文字 anima，是“灵魂”的意思，而 Animation 则指“赋予生命”，引申为使某物活起来的意思。所以，动画可以定义为使用绘画的手法，创造生命运动的艺术。

广义而言，把一些原先不活动的东西，经过影片的制作与放映，变成为活动的影像，即为动画。

动画是指由许多帧静止的画面，以一定的速度连续播放时，人眼因视觉残留产生的错觉，而误以为是画面活动的作品。“动画不是活动的画的艺术，而是创造运动的艺术，因此画与画的关系比每一幅单独的画更重要。虽然每一幅画也很重要，但就重要的程度来讲，画与画的关系更重要。”这句话的意思是动画不是会动的画，而是画出来的运动，每帧之间发生的事，比每帧上发生的事更重要。

定义动画的方法，不在于使用的材质或创作的方式，而是作品是否符合动画的本质。动画媒体已经包含了各种形式，但不论何种形式，它们都有一些共同点：其影像是以电影胶片、录像带或数字信息的方式逐格记录的；另外，影像的“动作”是被创造出来的幻觉，而不是原本就存在的。

动画是通过连续播放一系列画面，给视觉造成一种图画连续变化的错觉。它的基本原理与电影、电视一样，都是视觉原理。

1824 年，英国的 Peter Roget 出版的《移动物体的视觉暂留现象》是视觉暂留原理研究的开端，书中提出了这样的观点："人眼的视网膜在物体移动前，可有 1s 左右的停留"。医学证明，人类具有"视觉暂留"的特性，就是说人的眼睛看到一幅画或一个物体后，在 1/24s 内不会消失。利用这一原理，在一幅画还没有消失前播放出下一幅画，就会给人造成一种流畅的视觉变化效果。因此，电影采用了每秒 24 幅画面的速度拍摄播放，电视采用了每秒 25 幅（PAL 制）或 30 幅（NSTC 制）画面的速度拍摄播放。如果以每秒低于 24 幅画面的速度拍摄播放，就会出现停顿现象。

视觉暂留原理提供了发明动画的科学基础。

5.1.2 动画的分类

动画的分类研究对更进一步地了解动画的特性与功能有很大的帮助。动画片有许多不同的类型，不同的动画片拥有自己的形式规范、叙事方式以及传播途径。不可能用同一视觉形式表现所有的内容，也不可能用相同的叙事方式讲述不同性质的故事。动画片的分类大致可以从技术形式上、叙事方式以及传播途径几方面进行划分。

1. 以技术形式分类

动画形式可以从视觉形象构成方面区别，即不同造型手段产生的形式，大体可分为：平面动画、立体动画、数字动画与其他形式。

（1）平面动画。平面动画相对立体动画而言是在二维空间中进行制作的动画，这种类型的动画技术形式是单线平涂的，也是最常见和较传统的动画类型，例如《白雪公主》（图 5-1），适合产业化生产模式，技术上容易统一管理。另外，还有油画、素描、沙画等形式制作的动画，例如油画绘制的动画《小牛》、剪纸动画《猪八戒吃西瓜》（图 5-2），这些形式的动画片的工艺技术和艺术效果常常伴随着偶然性和不确定性，但是具有独特的视觉魅力。

图 5-1 《白雪公主》

图 5-2 《猪八戒吃西瓜》

（2）立体动画。立体动画是在三维空间中制作的动画，如折纸动画、木偶动画、黏土动画以及一些通过逐格拍摄显现出立体效果的动画。木偶动画和黏土动画等是从材料上来区分的，都属于定格动画。动画中的角色以木材为主，同时也辅以石膏、橡胶、塑料、钢铁、海绵和金属丝等。在国外，木偶戏非常盛行，早前的《匹诺曹》就是一个明证，它不仅在它的家乡开花结果，还漂洋过海来到中国，可见木偶戏的魅力是如此之大。中国比较有名的木偶动画有

《神笔马良》（图 5-3）等。

提及黏土动画，就不得不说一下英国阿德曼动画工作室了，它是世界顶级的定格动画制作公司，在黏土动画制作方面有着优异的成绩：广为大众熟悉的《小鸡快跑》《酷狗宝贝》（图 5-4）系列片、《冲走小老鼠》等。

图 5-3　《神笔马良》

图 5-4　《酷狗宝贝》

（3）数字动画。数字动画是依靠计算机技术和现代高科技技术生成的虚拟动画片，分为二维动画片、三维动画片和合成动画片。二维动画片中数字动画表现最突出的就是网络动画，即在互联网上传播的互动式计算机动画片。由于网络动画传播速度快，有一定的互动操作，制作起来又比较简单，所以流传度很高，如《大话三国》（图 5-5）、《阿桂动画》等。

三维动画又称3D 动画，是随着计算机软硬件技术的发展而产生的一种新兴技术。它是利用电脑软件或视频等工具将三维物体运动的原理、过程等清晰简洁地展现在人们眼前，常用工具有 3DMAX、AUTOCAD、MAYA 等。三维动画技术模拟真实物体的方式使其成为一个有用的工具。由于其具有精确性、真实性和无限的可操作性的特点，被广泛应用于医学、教育、军事、娱乐等诸多领域。在影视广告制作方面，这项新技术能够给人耳目一新的感觉，因此受到了众多客户的欢迎。三维动画可以用于广告和电影电视剧的特效制作（如爆炸、烟雾、下雨、光效等）、特技（撞车、变形、虚幻场景或角色等）、广告产品展示、片头飞字等。国产三维动画代表作有《秦时明月》《玩具之家》《魔比斯环》《大圣归来》《侠岚》《熊出没》（图 5-6）《猪猪侠》《画江湖》（图 5-7）等。

图 5-5　《大话三国》

图 5-6　《熊出没》

动画合成是指利用 Movie Maker、Ulead GIF Animator 等软件，把一种事物与另一种事物，用现代科技的手法（如蓝屏、绿屏功能），将它们结合在一起使之展现更好效果的技术手段。例如电影《精灵鼠小弟》（图 5-8）中将一只计算机三维虚数制作的小老鼠与实景拍摄的画面进行合成，创造出了另一种变化。

图 5-7 《画江湖》

图 5-8 《精灵鼠小弟》

2. 以叙事方式分类

动画片按照叙事风格可以分为文学性动画片、戏剧性动画片、纪实性动画片、抽象性动画片。

文学性动画片有小说、诗歌、散文等性质，这类影片没有一条戏剧冲突的主线，而是围绕主人公或某个事件的生活线索生发出友情、爱情、烦恼、愉快、幻想回忆、追求等生活细节，运用生活细节因素的关联性反映复杂的社会关系，深入剖析人的活动及其内心状态。

戏剧性动画片按照传统戏剧结构讲故事，强调冲突率、戏剧性的因果联系，代表作有《白雪公主》和《埃及王子》。除了故事结构是严格意义上的遵循传统戏剧冲突规律外，还体现了戏剧性叙事方式的动画片所特有的规律性：夸张的动作刻画、个性突出的音乐主题曲和煽情的歌曲。

纪实性动画是一个相对的概念，之所以称其为“纪实”，是因为它在内容上是有具体时代背景的，通常以真实事件为创作依据，形式上更写实逼真，时间和空间的演变更加符合自然规律，具有时代的烙印，揭示的是社会性问题，体现的是具有道德与责任感的主人公所特有的品质。

抽象性动画片没有具体的形象，也没有具体的故事情节，所表现的是多重图形的运动和变化，或者哲学内涵和诗意境界，更多的是对音乐的诠释。

3. 以传播途径分类

动画以传播途径进行分类主要包括影院动画、电视动画、实验动画。

影院动画是以电影叙事方式与经典戏剧的叙事结构来制作的动画，有明确的因果关系，有开头、情节的展开、起伏、高潮及一个完美的结局。影院动画的画面质量和工艺技术要求更加精良而细致，在剧情安排上影院动画常常浓缩情节，用微观与象征性的视听元素表现重大主题，代表作为《幽灵公主》《风之谷》。

电视动画相对于电影动画制作工艺粗糙，画面影像质量、动作设计、声音处理等工艺技术要求相对宽松。从剧情的安排上，电视动画喜欢扩展情节，情节有所连贯但又分别独立。电视动画片由于是分集播放，因此要求每一集都要有各自的起承转合、各自的亮点以及高潮，尤其是片头的精彩预告和片尾的悬而未决的奇案直接关系到观众是否有继续看下去的兴趣。电视动画已经成为目前产量最大的一种动画形式，而且这种低成本的运作方式可能在将来也是适用于基本网络的新媒体最好的制作方式，代表作有《米老鼠与唐老鸭》《阿童木》。

实验动画指的是带有探索性的，从观念与技术方面都有新的建树或突破的作品。实验动画注重对动画本体和可能性的探索，强调原创性。这种类型的动画主要在学术研讨会或者是电影节上展示，代表作有《四季》。

5.2 Flash CS6 制作二维动画

Adobe Flash Professional CS6 是用于创建动画和多媒体内容的强大的创作平台。Adobe Flash CS6 内含强大的工具集，具有排版精确、版面保真和动画编辑功能丰富的特点，能清晰地传达创作构思。Adobe Flash CS6 新版增加了 HTML5 的新支持、生成 Sprite 表单、锁定 3D 场景、高级绘制工具、行业领先的动画工具、高级文本引擎、专业视频工具等功能。

5.2.1 Flash CS6 软件基础操作

1. 创建动画文档

Flash 文档有源文件和影片文件之分。源文件是可以在 Flash 中进行编辑的文件，它的文件扩展名为.fla，文件图标显示为，在 Flash 中创建或者打开进行编辑的文件就是源文件。而在网页上看到的 Flash 动画是影片文件，它的文件扩展名为.swf，文件图标显示为，它不能直接进行编辑。

创建动画文档的方法有多种，常用的有以下三种。

（1）通过初始页面创建文档。

1）如果是安装后初次运行 Flash CS6 程序，会出现如图 5-9 所示的初始页面，在“新建”一栏中选择“ActionScript 3.0”，将创建一个基于 Action Script 3.0 的动画文档。

Flash 文档可以添加 ActionScript 代码以实现交互功能，目前 ActionScript 有多个版本，如果打算使用 ActionScript 3.0 的代码，那么在创建文档时应该选择 ActionScript 3.0，同理，如果创建的是 ActionScript 2.0 的文档，那么就只能添加 ActionScript 2.0 的代码。

2）进入工作界面后，在“属性”面板中，设置 FPS（帧频）为 24、舞台大小为 550×400 像素、舞台颜色为白色，如图 5-10 所示。

属性面板显示的是当前在舞台或时间轴上选中内容的属性，所选对象不同，在属性面板中看到的内容也会不同，如果没有选中任何内容，则显示当前文档的属性，所以“属性”面板也叫“属性检查器”。

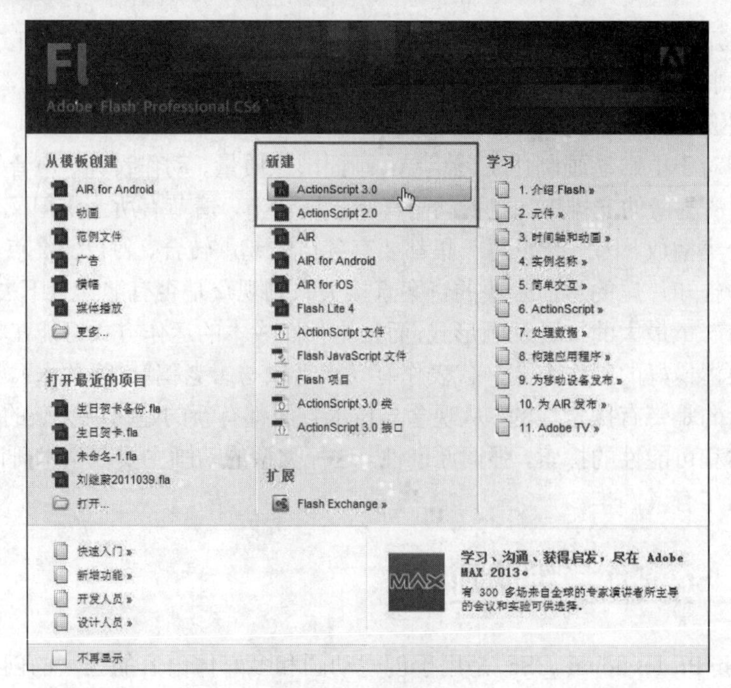

图 5-9　初始页面

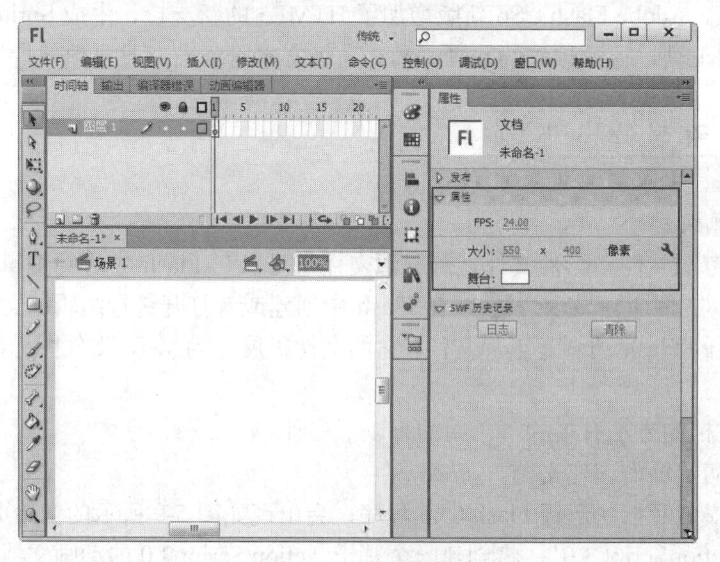

图 5-10　工作界面

（2）通过菜单命令创建文档。通过菜单命令创建文档的方法如下。

1）打开“文件”菜单，执行“新建”命令，打开“新建文档”对话框，如图 5-11 所示。

2）单击“常规”标签，在“类型”列表框中选择要创建的文档类型，在右边设置文档的属性，单击“确定”按钮，即可创建一个名为“未命名-1”的空白文档。

（3）通过快捷键创建文档。一些常用的操作，Flash 都提供了快捷键，如新建文档的快捷键是“Ctrl+N”，这在相应的菜单命令中可以查看到，如图 5-12 所示。所以通过快捷键创建文档的方法为：先按“Ctrl+N”键打开“新建文档”对话框，接下来的步骤和“通过菜单命令创建文档”方法的第 2）步一样。

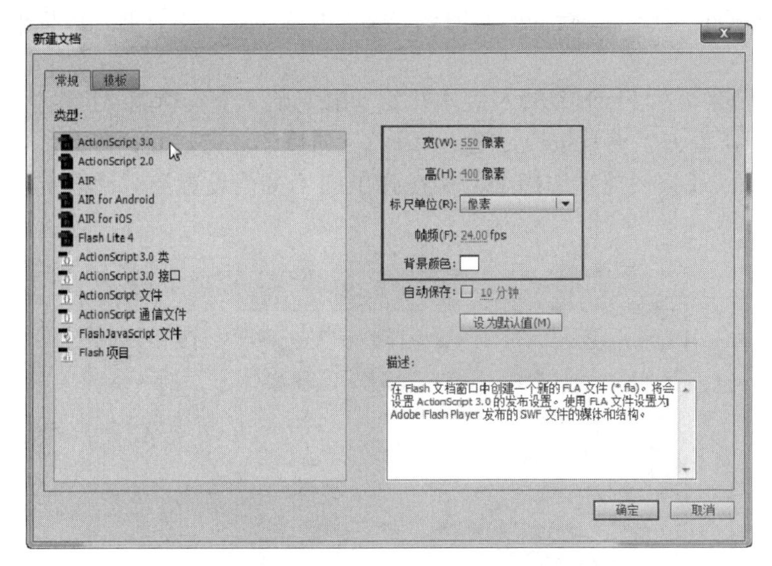

图 5-11　“新建文档”对话框

文件(F)　编辑(E)　视图(V)　插入(I)　修改(M)
新建(N)...　Ctrl+N
打开(O)...　Ctrl+O

图 5-12　新建文档的菜单项与快捷键

2. *保存动画文档*

在完成对动画文档的创建或修改之后，应该及时保存文档，这是一个良好的习惯，可以防止突然断电或死机等特殊情况所带来的损失。

（1）手动保存。打开“文件”菜单再执行“保存”命令，或按快捷键“Ctrl+S”，将弹出“另存为”对话框，如图 5-13 所示。选择文件保存的位置，输入文件名“生日贺卡”，保存类型为默认的 Flash CS6 文档，如果想保存为其他类型，可以在下拉菜单中选择。

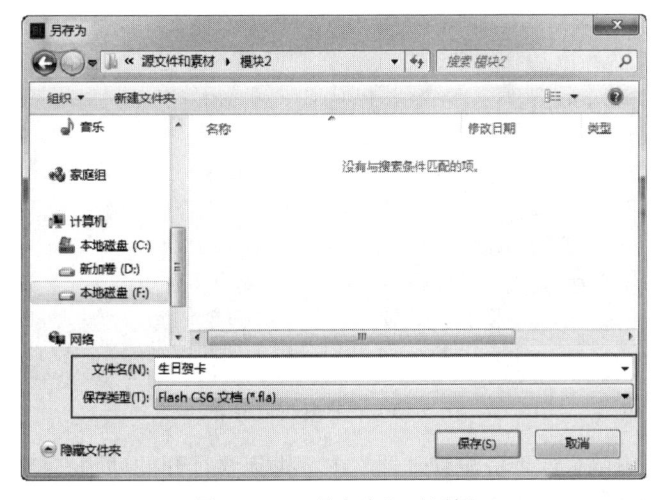

图 5-13　“另存为”对话框

高版本的动画文档不能在低版本的软件中打开，如 Flash CS6 的文档不能在 Flash CS5 中打开。但低版本的文档可以在高版本的软件中打开，所以在保存时，可根据需要选择保存类型。

（2）自动保存。从 Flash CS5.5 版本开始，出现了一个新功能“自动保存”，可以设置自动保存的时间，省去了重复按快捷键“Ctrl+S”的操作。方法是：打开“修改”菜单并执行“文档”命令，或按快捷键“Ctrl+J”，在弹出的“文档设置”对话框中进行设置，如图 5-14 所示。

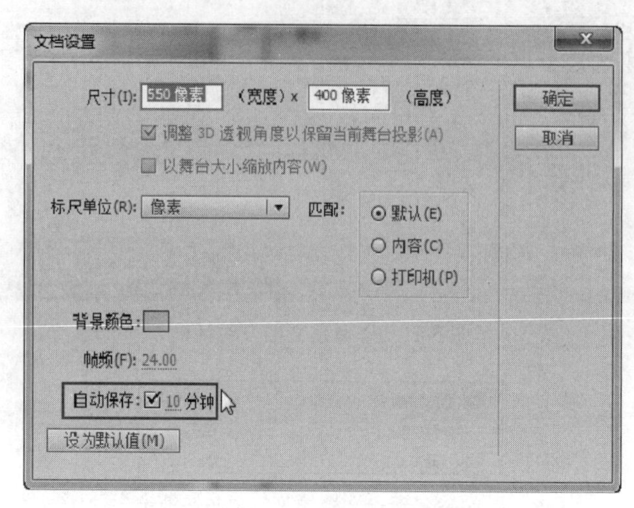

图 5-14　“文档设置”对话框

3. 打开动画文档

在 Flash 软件中，要打开已有的动画文档，可以通过打开“文件”菜单并执行“打开”命令，或按快捷键“Ctrl+O”来完成，在弹出的“打开”对话框中，选择要打开的动画文档，如图 5-15 所示。

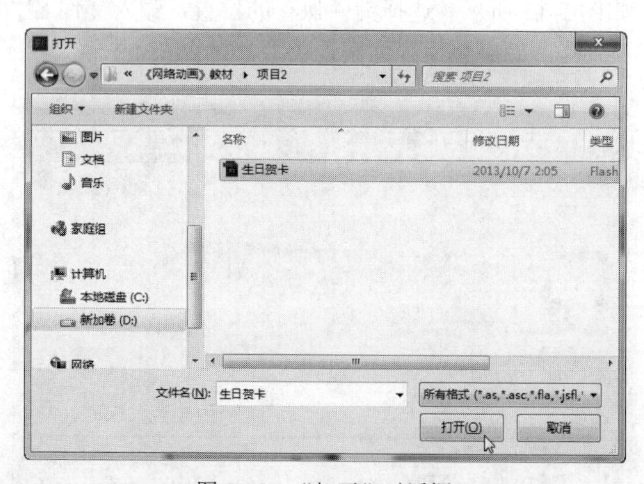

图 5-15　“打开”对话框

还可以在“我的电脑”或“资源管理器”中，找到要打开的动画文档，然后双击动画的源文件即可。如果这时还没有打开 Flash 软件，将会启动 Flash 软件。

5.2.2　利用 Flash CS6 软件绘制生日蛋糕

1. 绘制托盘

（1）绘制盘子。

1）打开已创建的“生日贺卡”源文件，在工具箱中，单击“椭圆工具”（快捷键 O），在选项区中设置使“对象绘制”按钮处于弹起状态。

提示：“对象绘制”按钮处于弹起状态表示进入“合并绘制模式”，本书中的案例如没有特别说明，均在“合并绘制模式”下绘图。

2）在“属性”面板中设置“笔触颜色”为#CCCCCC、“填充颜色”为#DDDDDD，如图 5-16 所示。

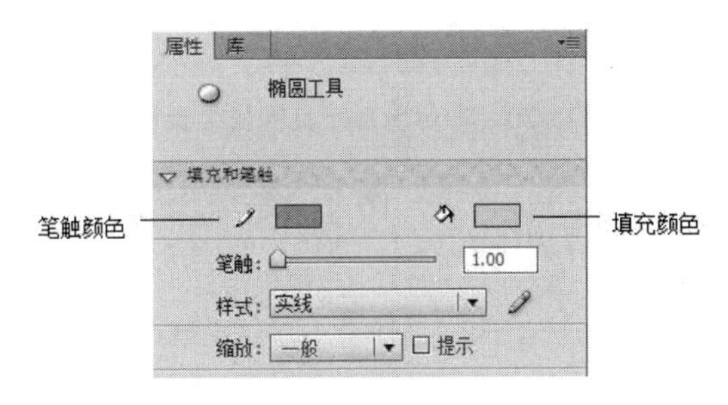

图 5-16　椭圆工具的属性面板

3）在舞台上绘制一个椭圆，如图 5-17 所示。

4）单击工具箱中的“选择工具”（快捷键 V），双击舞台上的椭圆（也可以用框选的方式，选中整个椭圆）。按住 Ctrl 键，同时，将选中的椭圆往上移几个像素，可以复制一个椭圆。将新椭圆的填充颜色改为“白色”，如图 5-18 所示。

图 5-17　绘制的椭圆

图 5-18　复制椭圆后的效果

（2）绘制托盘纸。

1）在图层面板中将图层名称改为“托盘”，并锁定该图层，然后新建一个图层，将图层名称改为“托盘纸”，如图 5-19 所示。

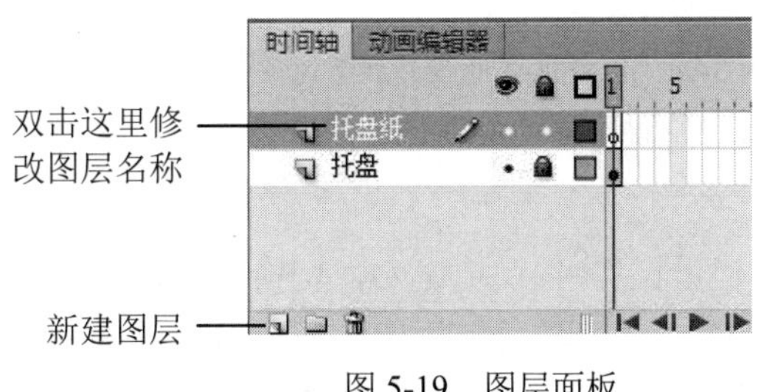

图 5-19　图层面板

2）在工具箱中选择“多角星形工具”，在“属性”面板中设置“笔触颜色”为#FFFF66、“填充颜色”为#FFFF99，如图 5-20 所示。

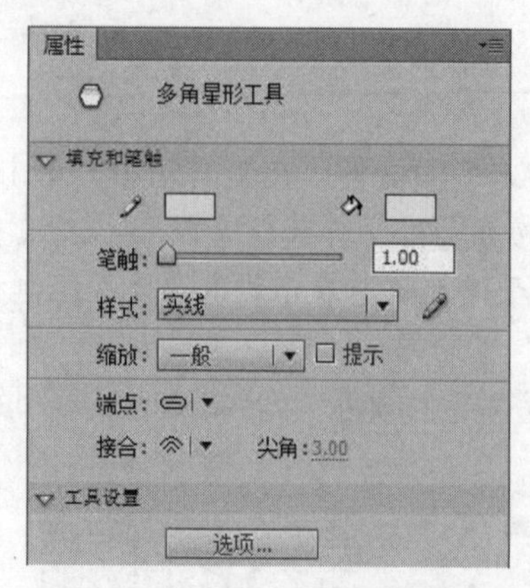

图 5-20　多角星形工具的属性设置

3）在“工具设置”一栏中单击“选项”按钮，在弹出的对话框中，选择“样式”为“星形”，“边数”为“32”，“星形顶点大小”为“1.00”，如图 5-21 所示，在舞台上绘制一个多角星形。

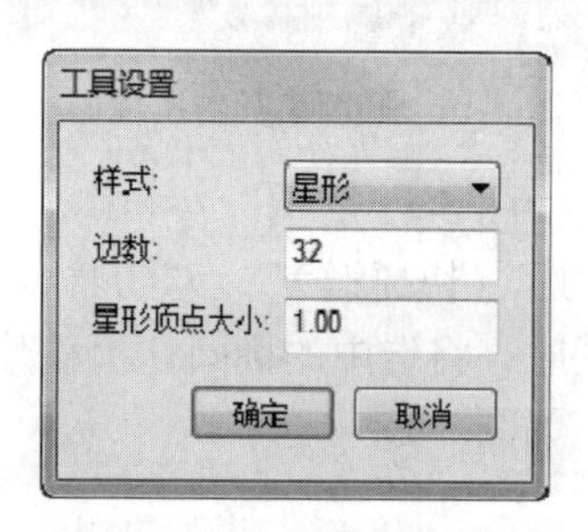

图 5-21　工具设置对话框

4）选择“任意变形工具”（快捷键 Q），双击舞台上的多角星形，将高度缩小，如图 5-22 所示。

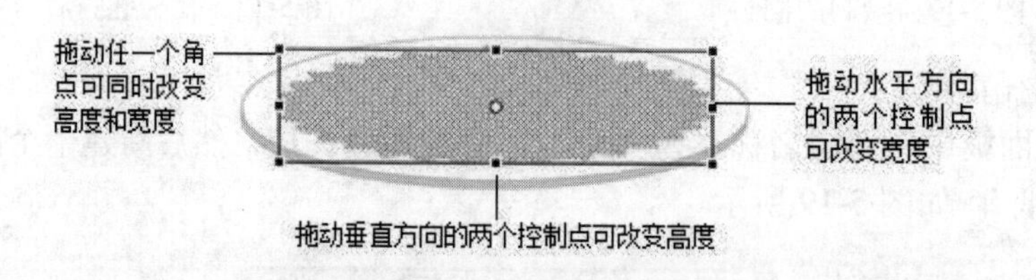

图 5-22　用任意变形工具调整对象大小

2. 绘制蛋糕

（1）绘制蛋糕坯。

1）新建一个图层，取名为“蛋糕”。按快捷键 O，切换到“椭圆工具”，在“属性”面板中设置“笔触颜色”为#CCCCCC，“填充颜色”为无，在舞台上绘制一个椭圆轮廓。

2）按快捷键 V，切换到“选择工具”，选中椭圆，然后按“Ctrl+D”键，重制一个椭圆，并向上拖动，如图 5-23 所示。

3）按快捷键 N，切换到“线条工具”，按住 Shift 键，在椭圆的两侧绘制直线，将两个椭圆连起来。

4）利用线条相交会产生切割的特点，用“选择工具”选中多余的线条，按 Delete 键删掉，最终效果如图 5-24 所示。

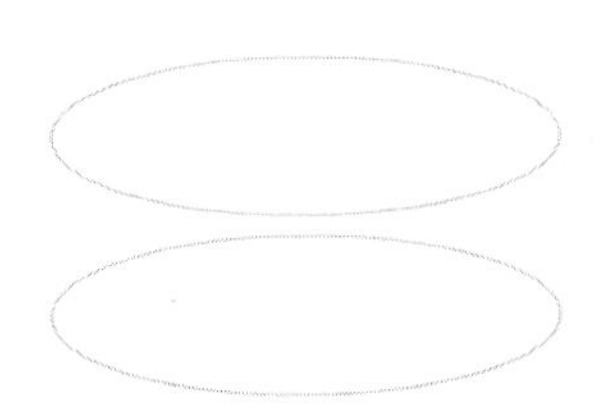

图 5-23　重制椭圆

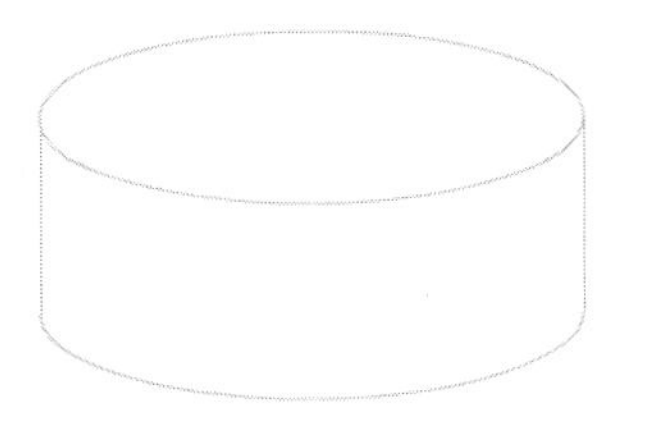

图 5-24　绘成圆柱状

5）按快捷键 K，切换到“颜料桶工具”，为闭合区域填充颜色#FFFF66。

（2）绘制花边。

1）将其他图层锁起来，新建一个图层来绘制花边。按快捷键 P，切换到“钢笔工具”，绘制一条曲线；再按快捷键 V，切换到“选择工具”，选中线条，并按“Ctrl+D”键，重制线条，如图 5-25 所示。

图 5-25　绘制花边

2）用鼠标选中这两根线条，按“Ctrl+X”键剪切，然后选择“蛋糕”图层，按“Ctrl+Shift+V”键，原位粘贴到“蛋糕”上，这样，线条会把蛋糕分为多个区域，每个区域可以单独上色。

提示：这里是利用了在合并绘制模式下，线条会分割填充的特点。

3）按快捷键 K，切换到“颜料桶工具”，将填充色设置为白色，在工具箱的底部，将空隙大小设置为“封闭大空隙”，然后在曲线的上方单击，使蛋糕的上半部分填充为白色，如图 5-26 所示。

图 5-26　上半部分填充为白色

4）用同样的方法，将两条曲线间的部分填充为#FFFF00，如图 5-27 所示。

图 5-27　曲线间填充为黄色

5）用鼠标单击多余的线条，按 Delete 键删除，如图 5-28 所示。

图 5-28　去掉多余的线条

3. 绘制草莓

在生日蛋糕上要摆放两圈草莓，外围的小，中间的大。那这么多草莓，大小不一，摆放的角度不同，甚至颜色也有差别，是不是需要绘制这么多不同的草莓呢？当然不需要。在 Flash 中只要绘制一个草莓，再把它转为元件就可以了。

（1）创建草莓元件。

1）新建一个图层，取名为“草莓”，锁定其他图层。

2）按快捷键 O，切换到“椭圆工具”，再按快捷键 J，切换到“对象绘制模式”。在“属性”面板中设置“笔触颜色”为#CC3399、“填充颜色”为#FF0099，在舞台上绘制一个椭圆。然后按快捷键 V，切换到“选择工具”，对椭圆进行调整，如图 5-29 所示。

提示：用“选择工具”调整形状时，要先取消选择，再将鼠标移到轮廓线的边缘进行调整。

3）按快捷键 B，切换到“刷子工具”，然后在工具箱的底部设置刷子大小和刷子形状，将填充颜色设置为白色，在椭圆上单击添加白色小点，如图 5-30 所示。

图 5-29　绘制草莓的基本形状

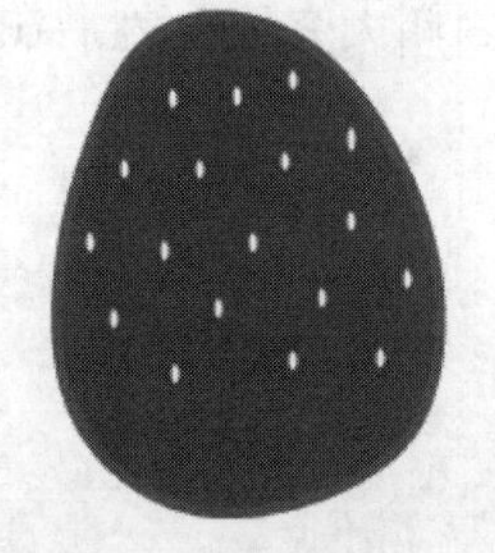

图 5-30　添加白色小点

提示：在对象绘制模式下，工具箱的选项区中“对象绘制”按钮应该为按下状态。这时绘制的每一个小点，都是独立的绘制对象。

4）用鼠标框选整个草莓图形，按快捷键 F8，将它转换为图形元件，取名为“草莓”，如图 5-31 所示。

图 5-31 转换为元件

5）按快捷键“Ctrl+L”，打开“库”面板，可以看到刚才创建的“草莓”元件，如图 5-32 所示。

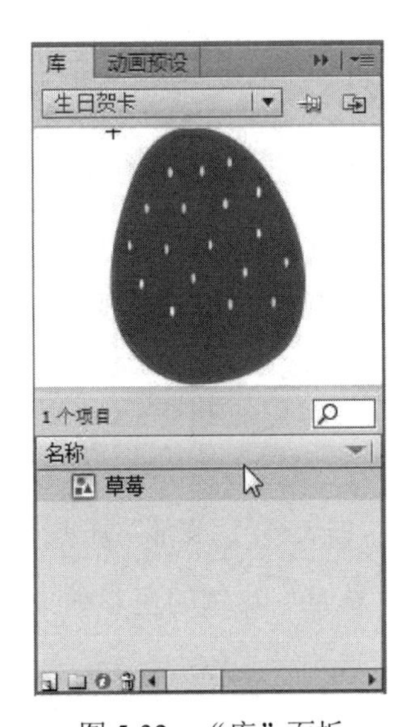

图 5-32 “库”面板

创建元件有多种方法：一是打开“插入”菜单并执行“新建元件”命令，或按快捷键“Ctrl+F8”来新建元件；二是单击“库”面板底部的“新建元件”按钮来新建元件；三是选择舞台上已有的对象，按快捷键 F8，将其转换为元件。

在这几种方法中，我们推荐用按 F8 键转换为元件的方式，因为在舞台上已经调好了对象，再转为元件，就不会出现偏差。如果是新建元件，将进入到元件独立的编辑状态，看不到舞台的位置以及舞台上的其他对象，在这种情况下，绘制的图形很难符合需求，而且在使用时，还需要从“库”面板中拖放到舞台上来，并再次进行调整，相对而言更费时费力。

（2）改变实例属性。

1）选择舞台上的“草莓”实例，按快捷键“Ctrl+D”复制多个，在蛋糕中心摆放一圈。如果要旋转草莓的角度或者改变大小，可以按快捷键 Q，切换到任意变形工具，对草莓进行旋转、缩放等操作，如图 5-33 所示。

图 5-33　复制多个“草莓”实例

提示：元件是在库里面，在舞台上的都应该称为实例。我们可以通过“属性”面板、“变形”面板或任意变形工具等，改变每一个实例的属性，如大小、角度、色调、透明度等，都不会影响到元件。

2）新建一个图层，取名为“小草莓”。从“库”面板中，拖出“草莓”元件到舞台上，按“Ctrl+T”键，打开“变形”面板，缩小到“59%”，如图 5-34 所示。

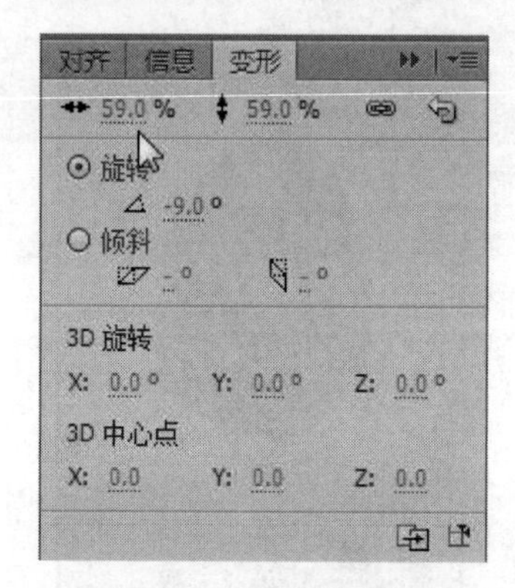

图 5-34　“变形”面板

3）在“属性”面板中修改该“草莓”实例的色彩效果，如图 5-35 所示。

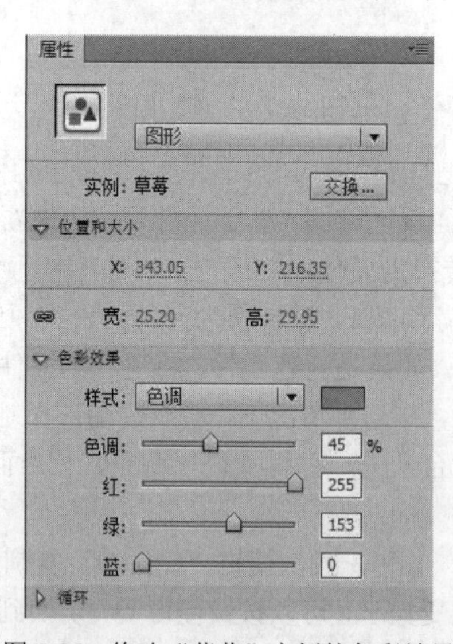

图 5-35　修改“草莓”实例的色彩效果

4）选择该“草莓”实例，按“Ctrl+D”键复制多个，在蛋糕上面摆放一圈。效果如图5-36所示。

图5-36　摆放一圈小草莓

4．绘制蜡烛

生日蛋糕上有三根蜡烛，这些蜡烛的外形都一样，所以也可以创建蜡烛元件，只需要绘制一根蜡烛。

（1）创建蜡烛元件。

1）在主时间轴新建一个图层，取名为“蜡烛”。按“Ctrl+F8”键，新建一个图形元件，取名为“蜡烛”，如图5-37所示。

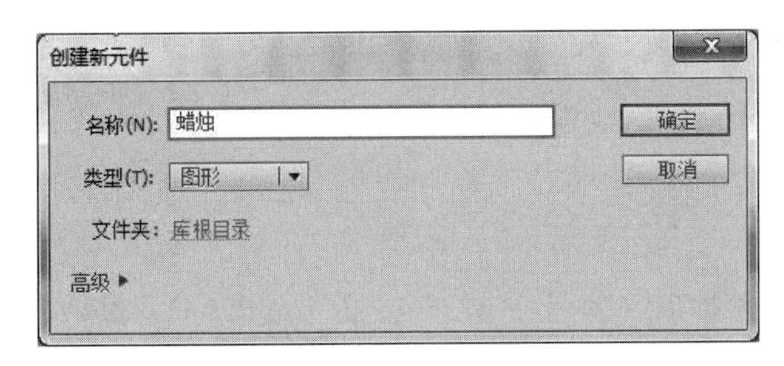

图5-37　新建“蜡烛”元件

2）在“蜡烛”元件的编辑区，用“矩形工具”在“合并绘制模式”下绘制一个长方形，设置“笔触颜色”为无，“填充颜色”为#FFCCFF，如图5-38所示。

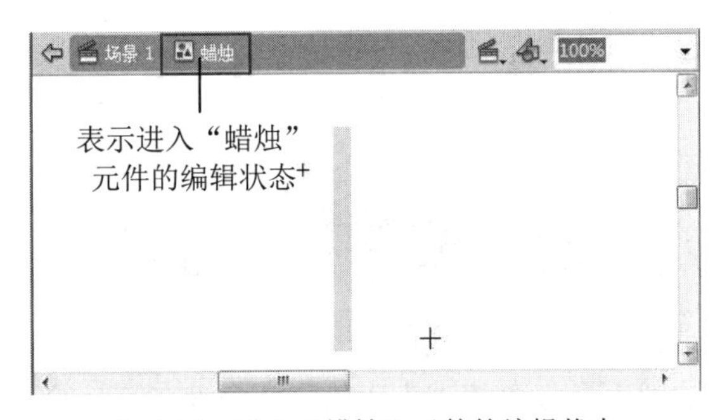

图5-38　进入“蜡烛”元件的编辑状态

3）按快捷键V，切换到“选择工具”，然后用鼠标单击刚才所绘的长方形，选中整个长方形。再按快捷键B，切换到“刷子工具”，将“填充颜色”设置为#FF00CC，在选项区中将“刷子模式”设置为“颜料选择”，选择合适的“刷子形状”和“刷子大小”，如图5-39所示。

4）这时鼠标指针将变成所设置的刷子形状和大小，把鼠标移到长方形的左侧，按住鼠标左键并向长方形的右上方移动，松开鼠标后，将在选中的长方形上绘制一道彩条，如图 5-40 所示。

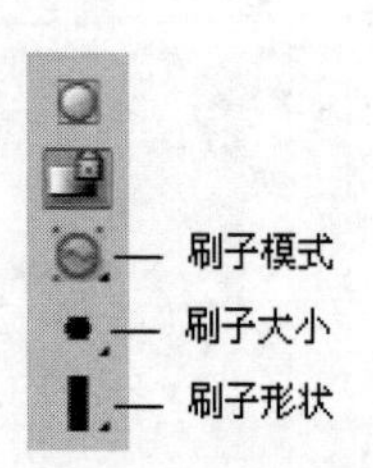

图 5-39　刷子工具的选项区

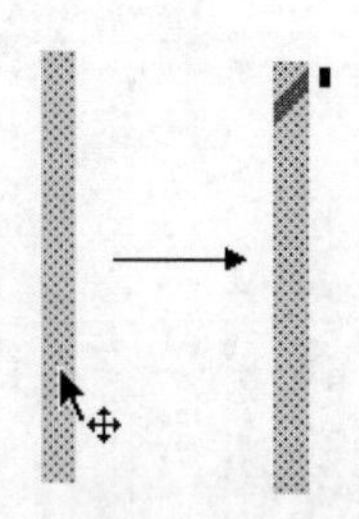

图 5-40　颜料选择模式下绘图

5）按快捷键 V，切换到“选择工具”，并用鼠标单击刚才所绘的彩条，然后按“Ctrl+D”键，重制所选的彩条，用鼠标移动彩条的复制品到合适的位置，如图 5-41 所示。

6）按住 Shift 键，用鼠标选中已有的两道彩条，再按“Ctrl+D”键，将重制所选的两道彩条，用鼠标移动彩条的复制品到合适的位置。依此类推，完成蜡烛的绘制，效果如图 5-42 所示。

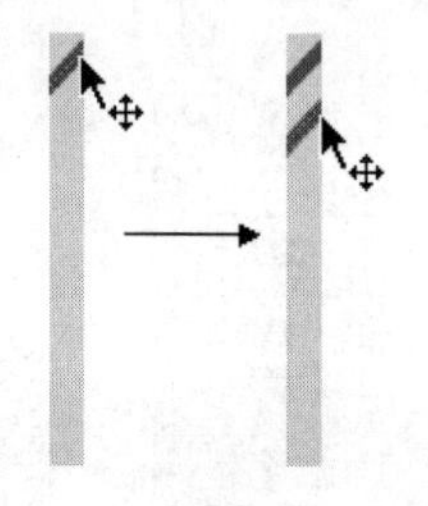

图 5-41　复制所选对象

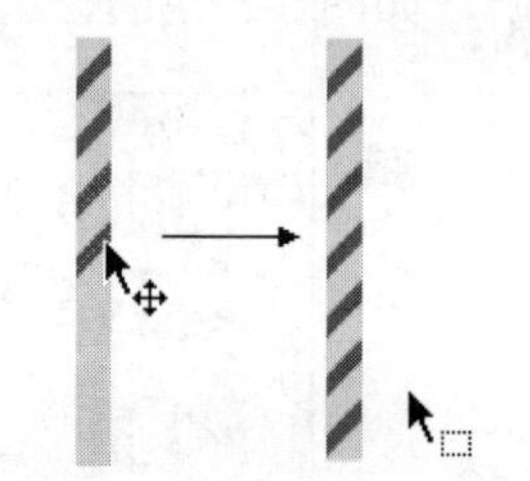

图 5-42　完成蜡烛绘制的效果

（2）绘制火苗。

1）将图层改名为“蜡烛”，并锁定，然后新建一个图层，取名为“火苗”，如图 5-43 所示。

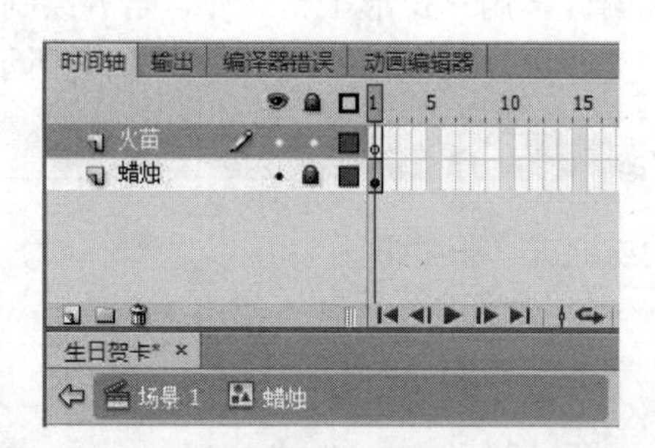

图 5-43　创建图层

2）用“椭圆工具”在“对象绘制模式”下绘制两个没有笔触的椭圆，将其中一个的“填充颜色”设置为#FFFFCC，另一个的“填充颜色”设置为#FFCC99，并用选择工具调整形状，如图 5-44 所示。

3）将两个椭圆重叠，火苗就绘制好了，效果如图 5-45 所示。

提示：这里的两个椭圆在“对象绘制模式”下绘制会更好，因为两个椭圆重叠后，还可以调整形状而不互相影响，如果在“合并绘制模式”下，就会有切割的现象了。

图 5-44　绘制两个椭圆

图 5-45　火苗效果

（3）应用蜡烛元件。

1）单击编辑栏的“场景 1”标签，如图 5-46 所示，回到主时间轴。

2）从“库”面板中，拖出“蜡烛”元件到舞台，如图 5-47 所示。然后可以按快捷键“Ctrl+D”重制多个“蜡烛”实例。

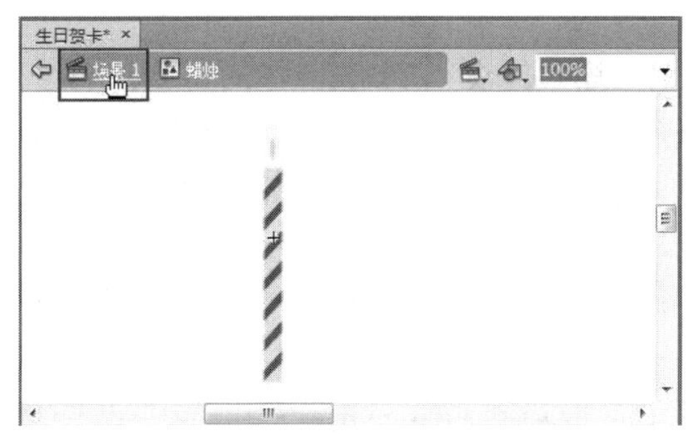

图 5-46　“场景 1”标签

图 5-47　拖出“蜡烛”元件到舞台

3）如果要将蜡烛放到几个大草莓的中心，可以把后面的四个大草莓选中，按快捷键“Ctrl+X”进行剪切，然后新建一个图层，取名为“后面的草莓”，再按快捷键“Ctrl+Shift+V”就可以粘贴到原来的位置，或者单击鼠标右键，执行“右键”菜单中的“粘贴到当前位置”命令，如图 5-48 所示。

4）在“层”面板中，把“后面的草莓”图层移到“蜡烛”图层的下面。调整后的图层顺序如图 5-49 所示。

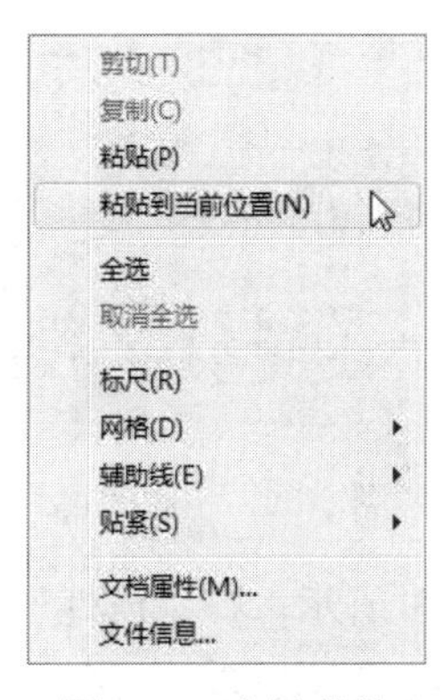

图 5-48　右键菜单

图 5-49　图层顺序

最后，对生日蛋糕进行一些调整，如将线条的颜色改为黄色，或者修改盘子的颜色等，生日蛋糕的最终效果如图 5-50 所示。

图 5-50　生日蛋糕的最终效果

5. 创建生日蛋糕元件

绘制这个生日蛋糕一共使用了七个图层，而它还只是整个生日贺卡中的一个内容，如果贺卡中的所有内容都直接在主时间轴中创建，那么主时间轴的图层会很多、很凌乱，不便于后期的编辑，影响工作效率。因此，要化零为整，将生日蛋糕放在元件中编辑，然后在主时间轴中就只需要一个图层放置该元件了。

（1）按住 Shift 键，鼠标在图层面板中选中生日蛋糕的七个图层，然后右击鼠标，在右键菜单中执行“剪切”命令。

（2）按快捷键“Ctrl+F8”新建一个图形元件，取名为“生日蛋糕”。

（3）在“生日蛋糕”元件的编辑状态中，单击“图层”面板上的“图层 1”，然后右击鼠标，在右键菜单中执行“粘贴”命令，效果如图 5-51 所示。

（4）单击编辑栏的“场景 1”按钮，回到主时间轴。

（5）从“库”面板中将“生日蛋糕”元件拖入舞台，然后将图层名改为“生日蛋糕”，如图 5-52 所示。

图 5-51　粘贴图层

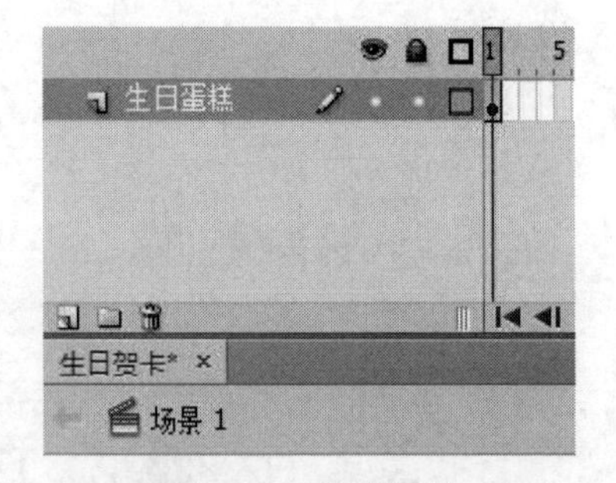

图 5-52　主时间轴

这时在舞台上看到的生日蛋糕就是一个对象，如图 5-53 所示。在“属性”面板中将显示生日蛋糕的属性，如图 5-54 所示，可以对它进行缩放，也可以复制多个以产生堆叠效果。

图 5-53 舞台上的“生日蛋糕”元件

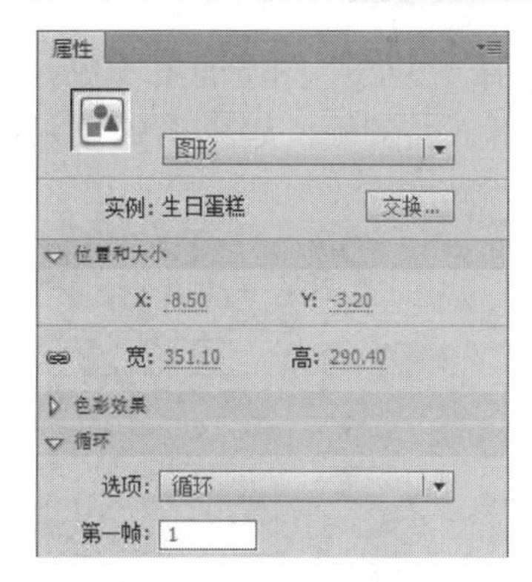

图 5-54 “生日蛋糕”元件的“属性”面板

5.2.3 利用 Flash CS6 软件制作火苗动画

1. 用逐帧动画实现

用逐帧动画技术来制作烛火摇曳的动画效果，需要在帧序列中将一个运动周期的火苗状态逐帧绘制出来。假设蜡烛的火苗是在一个不受气流影响的环境中，烛火轻微摇曳，那么只要表现出轻微的摇晃、收缩、上升、下收等状态就可以了。

（1）增加关键帧。

1）在“库”面板中双击“蜡烛”元件，进入元件的编辑状态，如图 5-55 所示。

编辑元件有两种方法：一是在“库”面板中，双击元件的图标或预览区，进入元件的独立编辑状态，如图 5-55 所示；二是双击舞台上的实例，进入元件的编辑状态，这种方法可以看到舞台的位置以及舞台上其他的对象（呈半透明显示），如图 5-56 所示，这有利于元件的定位编辑，是常用的方法。

图 5-55 元件的独立编辑状态

图 5-56 双击实例进入元件编辑状态

在本案例中，因为显示背景色会看不清火苗，所以采用第一种方法。

2）用鼠标选择“蜡烛”和“火苗”两个图层的第 20 帧，按快捷键 F5，插入帧，使动画的总长度为 20 帧，如图 5-57 所示。

3）选择“火苗”图层的第 5 帧，按快捷键 F6，插入关键帧，依此类推，给第 10、15、20 帧，都插入关键帧，如图 5-58 所示。

图 5-57 延长动画到 20 帧

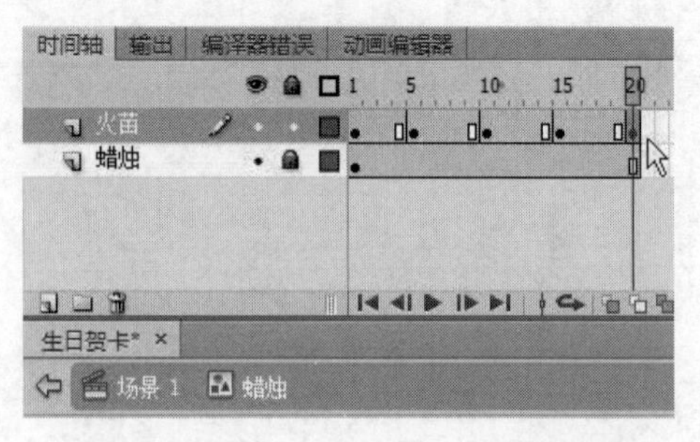

图 5-58 给“火苗”图层插入关键帧

先插入所有关键帧，可以保证每一个关键帧的火苗是相同的，然后在这个基础上进行火苗大小和形状的调整。

（2）调整火苗形状。

1）选择第 5 帧的关键帧，用鼠标将舞台上的火苗形状调整为向左倾，注意橘黄色的火芯部分也要作相应的调整。

2）依此类推，依次选择第 10、15、20 帧的关键帧，并对火苗的形状进行调整，注意相邻两个关键帧的火苗形状不能变化太大，如图 5-59 所示。

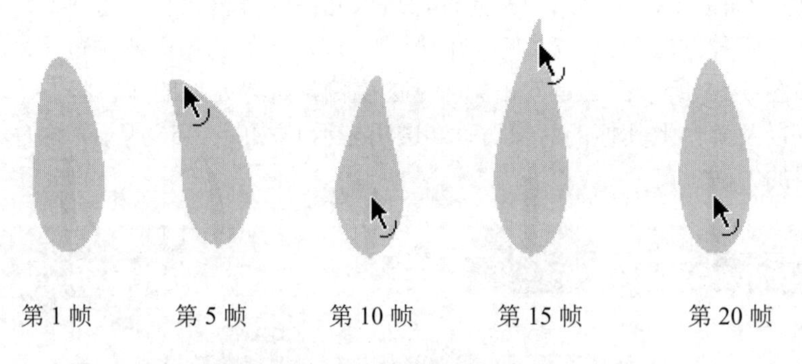

图 5-59 每个关键帧里的火苗形状

3）直接按回车键，可以在舞台上预览到动画效果。这里用 5 个关键帧来表现火苗动画的一个周期，如果整个贺卡动画的时间很长，如有 200 帧，而且都要一直出现这个火苗动画，那是不是需要把这几帧复制粘贴到 200 帧呢？答案是不需要。在 Flash 中，凡是重复出现的图形和动画，都应该把它们做成元件，这样可以大大节省时间也可以减小文件体积。如这段火苗动画是做在“蜡烛”元件里的，在元件里只需要完成一个周期的火苗动画就可以了。然后在添加了这个“蜡烛”实例的时间轴中，延长所在关键帧的停留时间到 200 帧，那么该元件里的动画将循环播放。

（3）改变动画速度。如果觉得火苗动画不够流畅，有明显的停顿感，可以用移动帧、删除帧的方式缩短两个关键帧之间的帧数。

1）用鼠标单击第 5 帧的关键帧（选择帧后应该松开鼠标），鼠标指针下会出现一个虚线框，如图 5-60 所示，这时按住鼠标左键并向前拖动到第 3 帧的位置。

2）依此类推，将后面的几个关键帧也移到相应的位置，使各关键帧之间只隔一个普通帧，如图 5-61 所示。

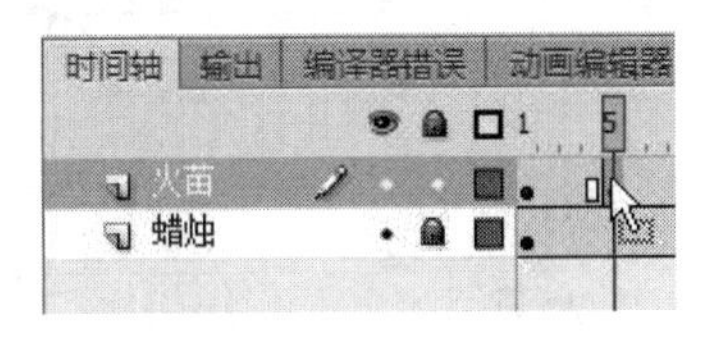

图 5-60　拖动关键帧

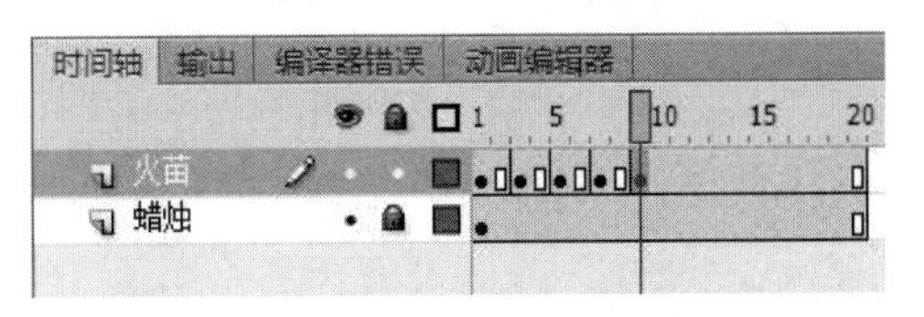

图 5-61　调整之后的关键帧

这时再预览动画，会觉得动画流畅很多，但是最后一个关键帧后面还有 11 个普通帧，意味着这个关键帧中的画面会停留 11 帧的时间，这显然是不合乎火苗运动规律的，需要把多余的 10 帧删除。

3）从“火苗”图层的第 11 帧起，按住鼠标左键并拖动到“蜡烛”图层的第 20 帧，这样就选中了要删除的帧，如图 5-62 所示，然后在选中区域右击鼠标，执行右键菜单中的“删除帧”命令，或者直接按快捷键“Shift+F5”，就可以删除所选的帧了。

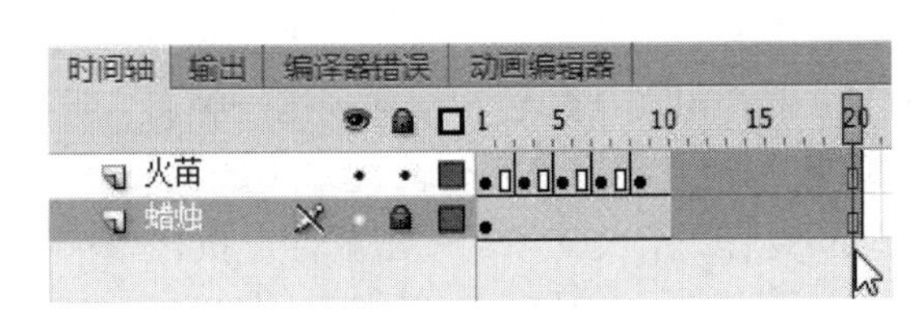

图 5-62　选择多个帧

逐帧动画并不意味着每一帧都必须是关键帧，关键帧之间是可以间隔普通帧的。

动画片通常是以每秒 24 帧来制作的，如果每一帧都是关键帧，那一秒的动画就需要绘制 24 个画面，这就是“一拍一”；如果是“一拍二”，就只需要绘制 12 个画面（中间有细微变化的画面被省掉了），每个画面停留了两帧的时间，也就是每个关键帧后面跟一个普通帧；依此类推，“一拍三”就是每个关键帧后面跟两个普通帧，那一秒的动画只需 8 个关键帧，大大节约了制作成本和时间。由于人的视觉特性，往往看不出这三者的明显差别，但是如果中间画面删除过多，如“一拍五”“一拍六”，就能明显感觉到动画不流畅了，所以我们应该根据实际情况来确定动画的拍数。

2. 用形状补间动画实现

用逐帧动画技术制作的火苗动画如果要获得更为流畅的效果，需要设置更多的关键帧，而且前后两个关键帧的形状变化不能太大，间隔的时间也不能太长，这对制作者有较高的要求。如果采用形状补间动画技术，就相对简单多了，只要绘制几个关键性的火苗状态，中间的细微变化将由 Flash 自动生成，也就是说，可以用最少的关键帧做出类似“一拍一”的动画效果。

（1）前几个步骤同“用逐帧动画实现”，创建 5 个关键帧，并调整每个关键帧里的火苗形状。

（2）鼠标移到“火苗”图层的第 1 帧和第 5 帧之间，右击鼠标，在弹出的菜单中执行“创建补间形状”命令，如图 5-63 所示，就可以创建一段形状补间动画。

（3）依此类推，创建第 5、10、15、20 帧之间的形状补间动画，如图 5-64 所示。

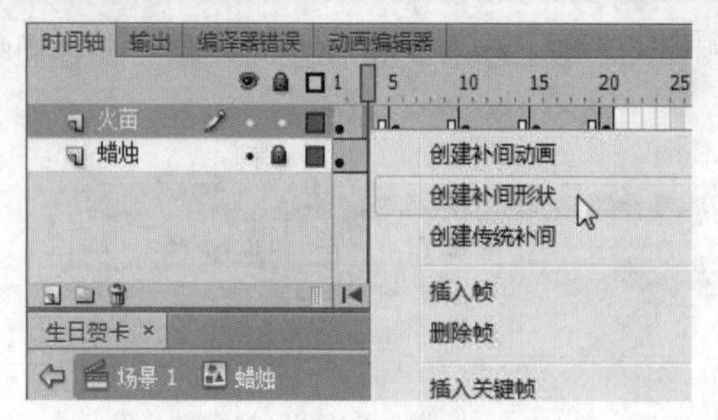

图 5-63　创建形状补间动画

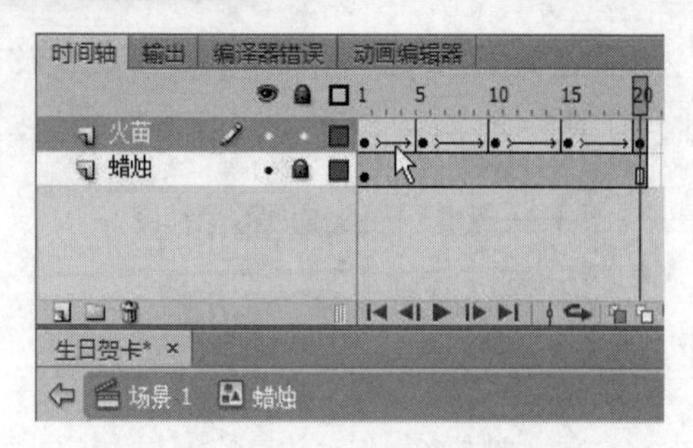

图 5-64　完成之后的“帧”面板

可以同时创建多段形状补间动画，方法是：选中多个开始关键帧，如本案例中的前 15 帧，然后再右击鼠标，创建形状补间动画。

（4）直接敲回车键预览，可以看到火苗的动画效果比原来的逐帧动画更加流畅自然。如果用鼠标单击两个关键帧之间的帧，也就是补间帧，可以在舞台上看到火苗形状的变化，而这个火苗的形状是由 Flash 自动生成的。

这个火苗动画在整个贺卡动画中是循环播放的，为了保持火苗动画的连贯性，就必须注意一点：形状补间动画的第一个和最后一个关键帧里的形状最好是一致的，如果不一致，而且差别很大，那么在循环播放时，就会出现从最后一帧播到第一帧时，明显与前面的动画节奏不同的现象。所以在这里需要将第一帧复制到最后一帧，方法是：选择第一个关键帧，右击鼠标，选择“复制帧”，然后再选择最后一个关键帧，右击鼠标，执行“粘贴帧”命令即可。

其实这个蜡烛火苗的动画用 3 个关键帧也可以实现，把第 5 帧和第 15 帧的关键帧去掉，如图 5-65 所示。方法是：依次选择第 5 帧和第 15 帧的关键帧，右击鼠标，执行“清除关键帧”命令就可以了，按 Enter 键预览一下，看有什么不同。

图 5-65　用 3 个关键帧实现火苗动画

5.2.4　利用 Flash CS6 软件制作祝贺文字

1. 打字效果

（1）输入文字。

1）在主场景中，新建一个图层，取名为“文字”。

2）单击工具箱中的“文本工具”，或按快捷键 T，在舞台上的空白处单击或拖出一个文本框，输入文字“这是我亲手制作的蛋糕哦”。

在默认情况下，用文本工具创建的都是静态文本，选择“文本工具”之后，在舞台上单击或拖出一个文本框，都可以输入文字，但有所不同。

如果是单击鼠标左键，将创建可以扩展的静态水平文本框，该文本框会随着文字的输入而自动延长，如需换行可以按回车键。如图 5-66 所示，该文本框的右上角出现一个圆形手柄。

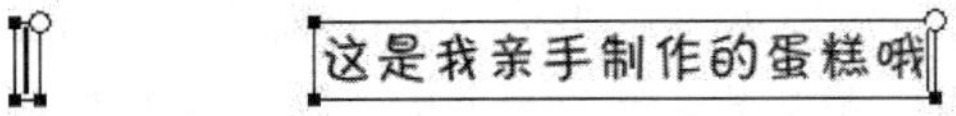

这是我亲手制作的蛋糕哦

图 5-66　可扩展的静态水平文本框

如果是拖出一个文本框，将创建具有固定宽度的静态水平文本框，该文本框不会随着文字的输入而延长，文字如果超出宽度只能自动换行。如图 5-67 所示，该文本框的右上角会出现一个方形手柄。

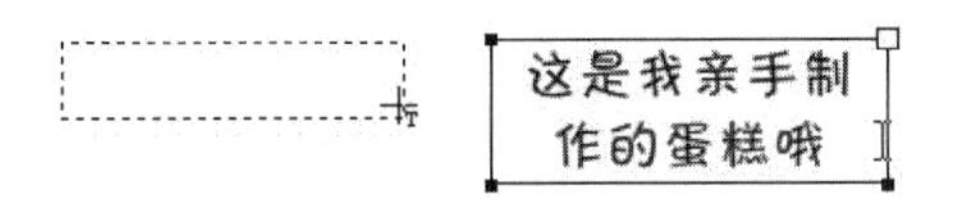

图 5-67　固定宽度的静态水平文本框

3）按快捷键 V，切换到“选择工具”，单击文本框，然后在“属性”面板中修改字体、字号、颜色，如图 5-68 所示。

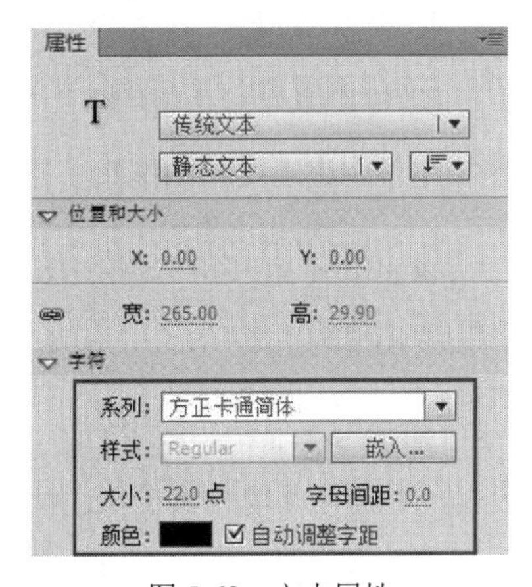

图 5-68　文本属性

如果字体列表中没有合适的字体，就需要添加新的字体，方法是：先到网络上下载需要的字体文件，然后将其复制到“C:\Windows\Fonts”文件夹下，即可安装新字体。

（2）将文字转为图形元件。

1）选中文字，按 F8 键将其转换为图形元件，取名为“文字一”，如图 5-69 所示。

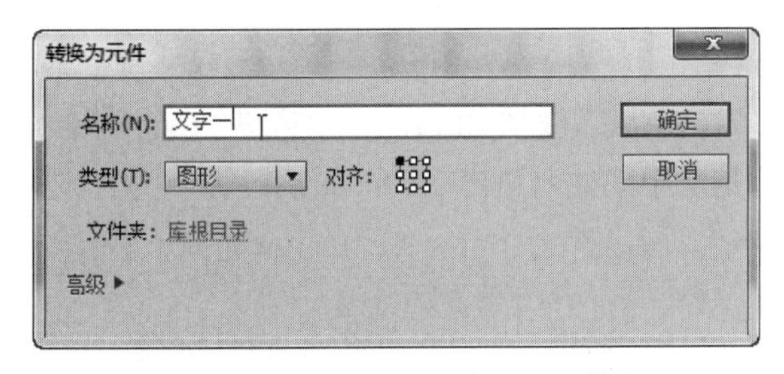

图 5-69　转换为“文字一”元件

这个文字的动画效果可以在主时间轴中直接制作，但在元件中制作会更好，可以保持主时间轴的整洁。

2）双击舞台上的“文字一”实例，进入元件的编辑状态。

提示：打字效果，也就是说文字是一个一个出现的，也就意味着有多少个字就需要多少个关键帧，为了使每一个字出现的位置在同一水平线上，可以先创建所需关键帧，再逐个关键帧地修改文字。

3）总共有 11 个文字，需要创建 11 个关键帧。用鼠标选择第 2 帧到第 11 帧，按快捷键 F6，可以同时给这几帧创建关键帧，如图 5-70 所示。现在每一个关键帧里的文字都是一样的，可以根据文字出现的顺序来逐个修改关键帧里的文字。

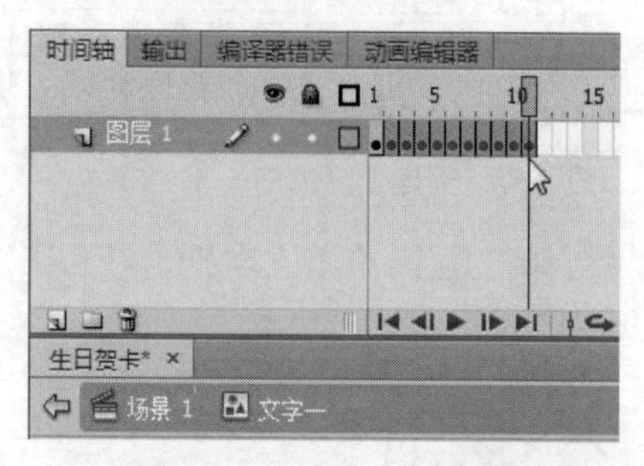

图 5-70　创建 11 个关键帧

4）选择第 1 个关键帧，双击文本框，进入文本的编辑状态，将文本框中的第一个字“这”保留，其余的都删掉。

5）选择第 2 个关键帧，将文本框中的前两个字“这是”保留，其余的都删掉。依此类推，文字从左到右逐个出现的打字效果就实现了。

6）但是这个打字动画是“一拍一”的，播放速度太快，根本看不清文字，我们可以改为“一拍四”，即在每个关键帧后面增加 3 个普通帧，方法是：选择一个关键帧，按 1 次 F5 键，将在后面增加 1 个普通帧，若按 3 次，则可以增加 3 个普通帧。完成后如图 5-71 所示。

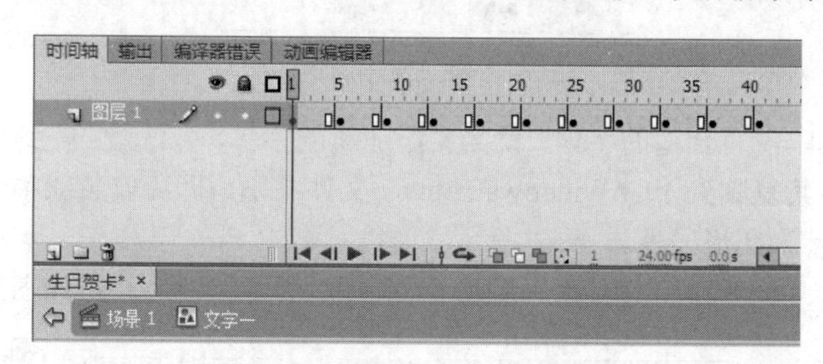

图 5-71　完成后的“帧”面板

在此基础上还可以进行调整，以获得其他的打字效果。如把每个关键帧里的文字都设置为“居中对齐”，那文字就是从中间往两边出现的；如果把每个关键帧里的文字设置为不同的颜色，就可以做出变色的效果等。

如果要改变动画的播放速度，有两种方法。

一是在“文档属性”中改变帧频，默认的是每秒播放 24 帧，可以根据需要改小或改大。帧频越小动画播放得就越慢，反之，就越快。但这个帧频是针对整个动画文档中的所有动画而言的，不能用于调整某一段动画的播放速度。

二是如果想改变某段动画的播放速度，可以在这段动画的关键帧之间增加或删除普通帧，中间帧越多，速度越慢，中间帧越少，速度越快。在这个打字效果中，如果想要动画匀速播放，那么每个关键帧后面的普通帧数目应该保持一致，如都是2个或3个普通帧。如果不想匀速播放，可以根据需要设置。

2. 文字变形效果

文字变形效果，可以是由其他的形状变成文字，也可以是由文字变成别的形状，或者是文字变成其他的文字。这里将刚才的文字变成“祝你生日快乐!”几个字，需要注意的是，因为采用形状补间动画技术，所以关键帧里的文字对象都要按快捷键“Ctrl+B”转换为形状对象。

（1）编辑文字图形元件。

1）在“文字一”的图形元件编辑状态中，在第55帧插入关键帧，如图5-72所示。也就是说，打字效果结束后，最后一个关键帧的画面停留15帧，然后从第55帧开始制作文字变形效果。如果希望打字效果的最后一个画面停留时间长一点，也可以在第60帧或更靠后一点插入关键帧。

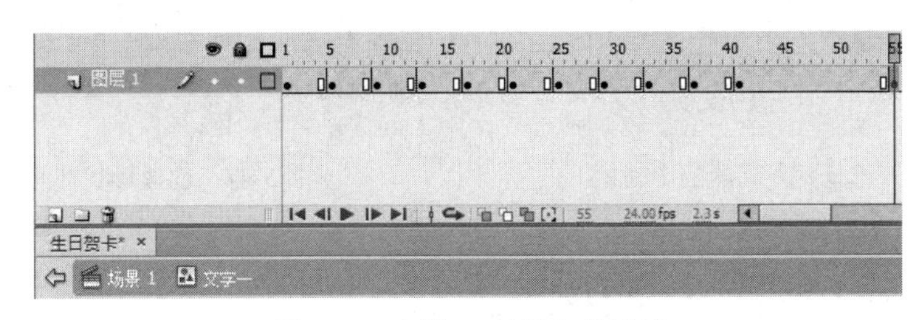

图5-72 在第55帧插入关键帧

2）在第65帧，按快捷键F6，插入关键帧，再按快捷键Q，切换到“任意变形工具”。单击文本框，可对文本进行缩放、旋转等变形操作，但这些操作都是围绕中心点来进行的，中心点的位置不同，变形的效果也不同。如，若只想缩小文本的高度，而文本的底部位置不变，就需要先调整中心点的位置到文本框的底部，如图5-73所示，再缩小文本的高度，如图5-74所示。

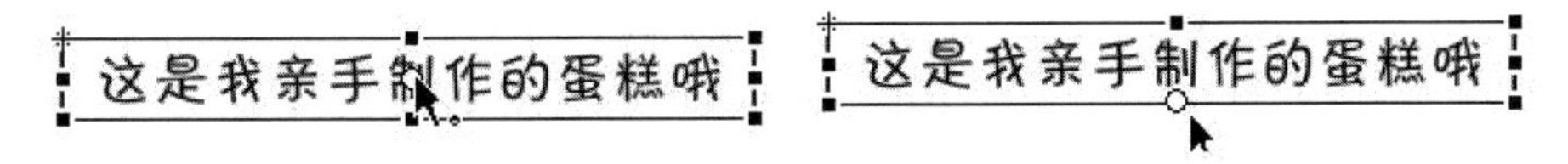

图5-73 改变中心点的位置

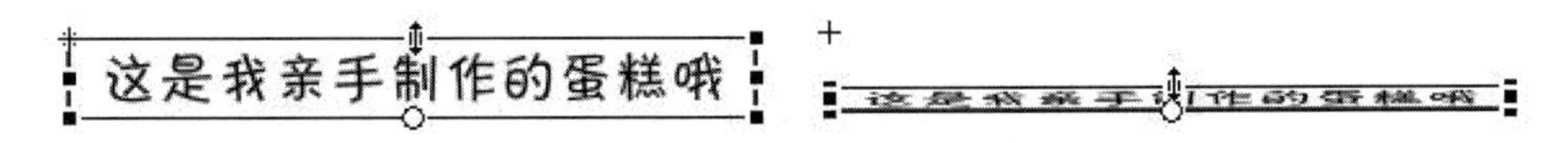

图5-74 只缩小高度

3）在第85帧，按快捷键F7，插入空白关键帧（因为这里的文字与前面关键帧的完全不同，所以插入空白关键帧），用文本工具在舞台上输入文字“祝你生日快乐!”，然后在“属性”面板中调整文字的大小、颜色、字体、位置等，文字可以大一点，以突出主题。

4）依次将第55、65、85帧的文字选中，并按两次“Ctrl+B”键，将文字转换为形状对象，如图5-75所示。

这是我亲手制作的蛋糕哦　　这是我亲手制作的蛋糕哦

（a）按一次“Ctrl+B”的效果 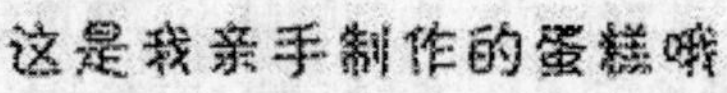　　（b）按两次“Ctrl+B”的效果

图 5-75　将文字转换为形状对象

对于有多个字的文本框，按一次“Ctrl+B”键，只是拆分为多个文本框，要按两次 Ctrl+B，才能将文字都转换为形状对象。

5）从 55 帧到 65 帧再到 85 帧，都要创建形状补间动画。这其实是两段形状补间动画，第 65 帧既是前一段动画的结束关键帧，也是后一段动画的开始关键帧，所以可以同时选择两段动画的中间帧，如图 5-76 所示。

6）在选择区右击鼠标，执行“创建补间形状”命令，这样就可以同时创建两段形状补间动画了，如图 5-77 所示。

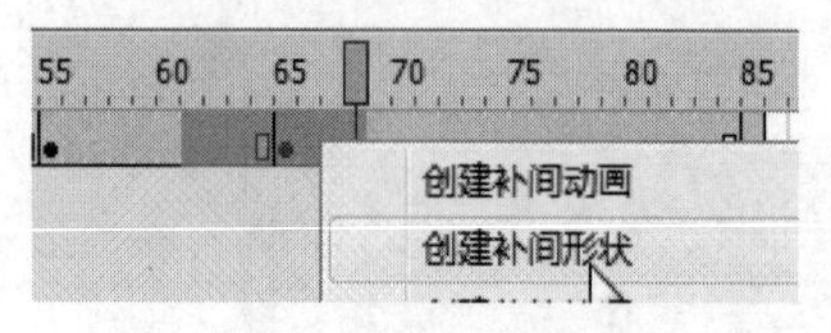

图 5-76　选择两段动画的中间帧

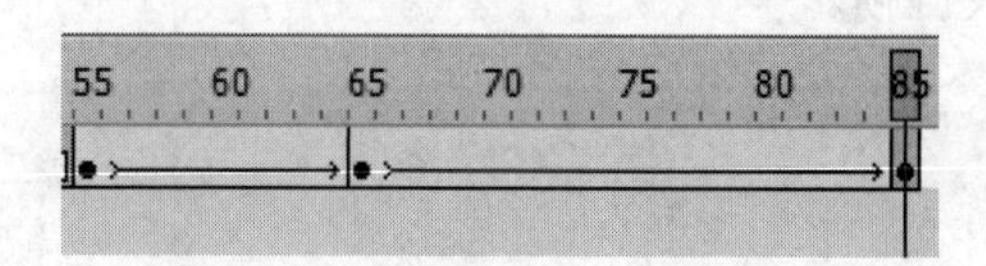

图 5-77　创建形状补间动画

5.2.5　利用 Flash CS6 软件添加背景音乐

1. 导入声音文件

（1）打开“文件”菜单，执行“导入”命令，弹出“导入到库”对话框。

（2）在“导入到库”对话框中，选择所需的声音文件“生日快乐.mp3”，并单击“打开”按钮，如图 5-78 所示。

图 5-78　“导入到库”对话框

（3）该声音文件将存放在“库”面板中，可以按快捷键“Ctrl+L”打开“库”面板，就

可以在库中看到刚才导入的音频文件，如图 5-79 所示。

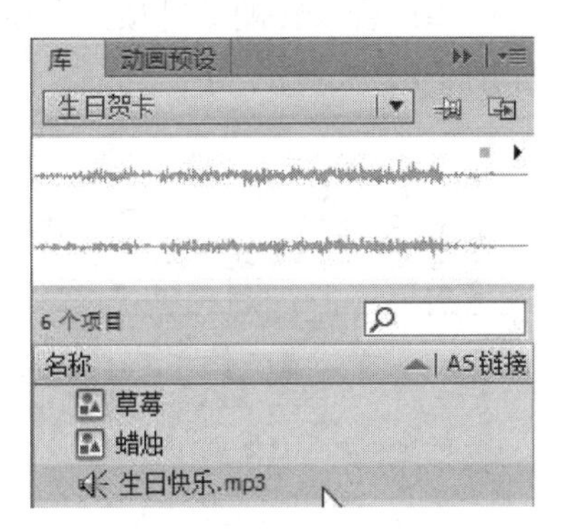

图 5-79 “库”面板中的音频文件

导入声音文件时，在“导入到库”对话框中，可以一次选择多个声音文件，也就是说可以一次性导入多个声音文件。而且，不管是执行“导入到舞台”还是“导入到库”命令，声音文件都会直接存储在“库”面板中。

如果在导入声音文件时，Flash 提示“读取文件出现问题，一个或多个文件没有导入”，该怎么办？这是因为声音的采样率和位率不符合 Flash 要求。Flash 对导入的声音要求是：11kHz、22kHz 或 44kHz，8 位或 16 位。它们之间的任意组合都可以，也就是说有 6 种情况：11kHz 8 位、11kHz 16 位、22kHz 8 位、22kHz 16 位、44kHz 8 位、44kHz 16 位。只有符合这 6 种情况之一，而且是 Flash 支持的声音格式的声音才能导入到 Flash 中。但是要导入 Flash 的声音大部分是从网上下载的，这些声音有的是 24kHz，有的是 24 位，不在 Flash 的支持范围之内，如果导入，就会出现上述错误提示。解决的办法是：换一个声音文件，或者用音频处理软件将声音文件进行转换。

2. 将声音添加到时间轴

（1）在主时间轴新建一个图层，取名为“音乐”。

（2）选择“音乐”图层的第 1 帧，将声音文件从“库”面板中拖到舞台上，声音就会添加到当前层中。将所有图层延长到 50 帧，可以看到“音乐”图层的帧面板上有一根线条，表示添加了声音，如图 5-80 所示。

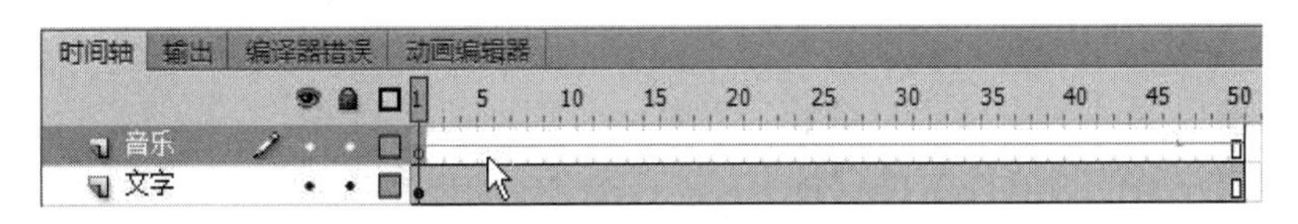

图 5-80 添加了声音的“帧”面板

导入声音文件到库中后，也可以通过设置帧属性的方法将声音添加到时间轴，方法是：选择要添加声音的关键帧，在“属性”面板中，从“名称”的下拉列表框中选择声音文件。

可以把多个声音放在一个图层上，或放在包含其他对象的多个图层上。但是，建议将每个声音放在一个独立的图层上。每个图层都作为一个独立的声道，那么播放 SWF 文件时，会混合所有图层上的声音。

3. 设置声音属性

（1）设置声音同步的方式。选择声音所在的关键帧，在属性面板中，从声音的“同步”下拉列表框中选择“数据流”，如图 5-81 所示。

图 5-81　设置声音属性

声音同步方式的各选项含义如下：

1）事件：这是默认的同步方式，声音信息将全部集中在声音所在的关键帧，必须等声音全部下载之后才能播放，而且不受时间轴的长短影响，会一次播完整个声音文件，即使 SWF 文件停止播放，声音也会继续播放。在这种同步方式下，声音和动画是相互独立的。

如果事件声音正在播放时，声音被再次实例化（例如：动画循环导致再次播放声音所在的关键帧），那么声音的第一个实例继续播放，而同一声音的另一个实例也开始播放，将产生声音重叠的效果。所以在使用较长的声音时，要注意这一点，避免发生重叠的情况。

2）开始：与“事件”选项的作用一样，但是如果声音已经在播放，那么同一个声音的新实例就不会播放。

3）停止：使指定的声音静音。

4）数据流：Flash 会强制动画与声音同步，如果在播放时 Flash 不能足够快速地绘制动画的帧，它就会跳过帧。在这种同步方式下，声音会随着动画的停止而停止，而且声音的播放时间绝对不会比帧的播放时间长，通常用于动画的背景音乐。

（2）设置声音效果。选择声音所在的关键帧，在“属性”面板中，从声音的“效果”下拉列表框中选择“淡出”，如图 5-82 所示。

“效果”的下拉列表框中有 8 个选项，分别如下：

无：不对声音文件应用任何效果。选中此选项也将删除以前应用的效果。

左声道/右声道：只在左声道或右声道中播放声音。

从左到右淡出/从右到左淡出：会将声音从一个声道切换到另一个声道。

淡入：随着声音的播放逐渐增加音量。

淡出：随着声音的播放逐渐减小音量。

自定义：选择该项，或者单击右侧的“编辑声音封套”按钮，将弹出“编辑封套”对话框，如图 5-82 所示。在这里，可以自己编辑声音的效果。

（3）编辑声音封套。在“编辑封套”对话框中，单击右下角的“缩小”按钮，如图 5-83 所示，可以缩小声道编辑窗口的显示比例。从图中可以看到默认的“淡出”效果，是从 230 帧开始逐渐减小音量的。可以单击“播放声音”按钮试听一遍，如果觉得淡出的时间太长了，可以拖动音量指示线上的节点，移到 255 帧的位置，如图 5-84 所示。

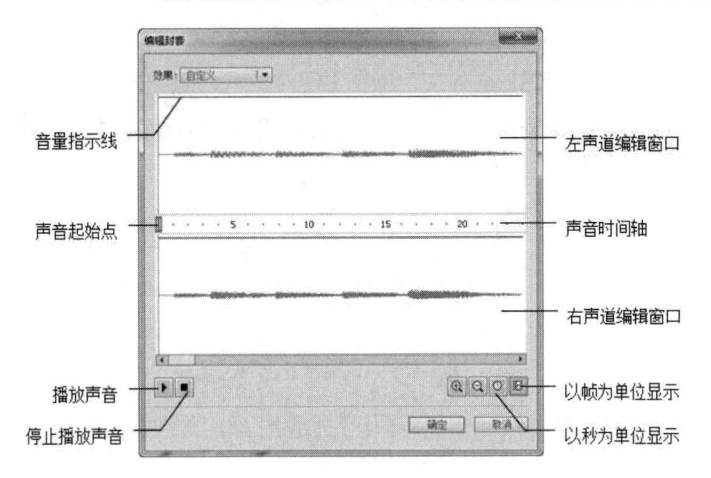

图 5-82 “编辑封套”对话框

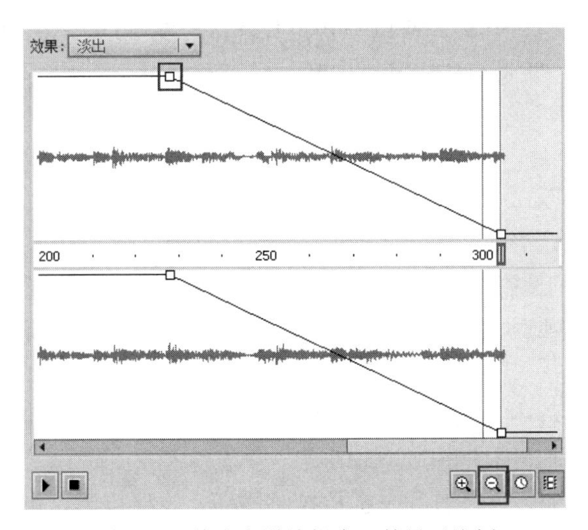

图 5-83 缩小声道编辑窗口的显示比例

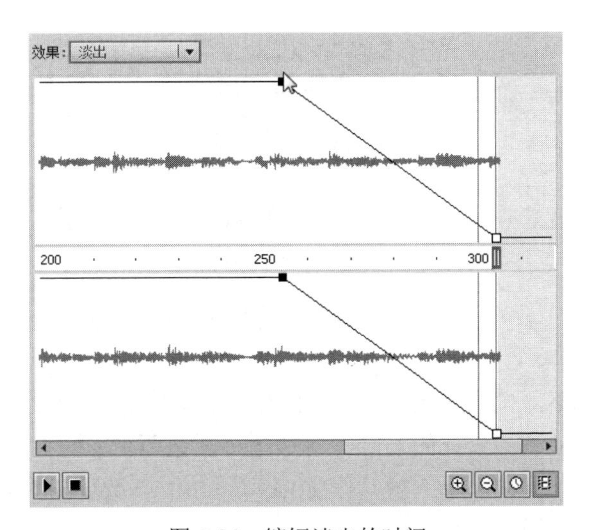

图 5-84 缩短淡出的时间

（4）设置声音循环。选择声音所在的关键帧，在“属性”面板中，从声音的“重复”下拉列表框中选择“重复”，如图5-85所示。这里只有两个选项，用于设置当声音的长度小于动画的长度时，是否循环播放。选择“重复”，可在右侧设置声音重复播放的次数；选择“循环”，声音将循环播放，直到动画结束。

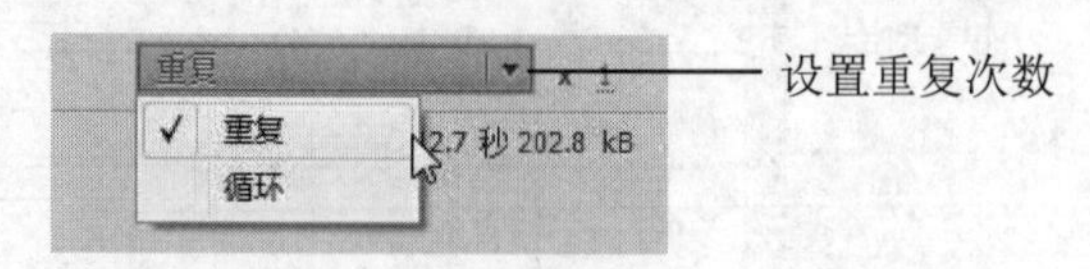

图5-85　设置声音循环

在主时间轴，选择第1帧，按回车键，即可播放声音，再次按回车键，将停在当前帧，声音也将停下来。这是声音同步方式为“数据流”的特点，非常有利于动画的编排，可以反复听音乐中的任何一段，并根据音乐的节奏来调整这一段动画。

当前“音乐”图层只有50帧，所以声音也只能播到第50帧，如果要让声音完整地播放，应该将帧延长到300帧，即与声音的长度一致。

5.2.6　测试动画

1. *在编辑环境下测试影片*

在影片编辑模式下测试影片得到的动画速度比输出或优化后的影片慢，而且影片中的影片剪辑元件、按钮元件以及脚本语言也就是影片的交互效果均不能得到测试，所以影片编辑环境不是首选的测试环境。

（1）在动画制作过程中，按Enter键就可以对影片进行预览，也就是简单的测试，反复按回车键可以在暂停测试和继续测试之间切换。

（2）在“帧”面板的下方，有几个播放控制按钮，也可以测试影片，如图5-86所示，按钮的功能从左到右依次是：转到第一帧、后退一帧、播放、前进一帧、转到最后一帧。

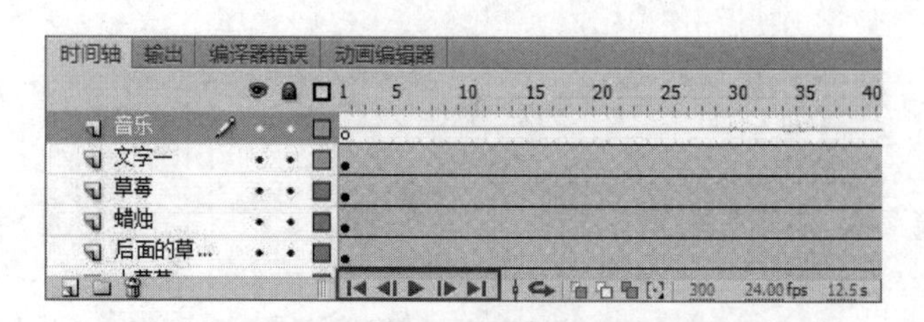

图5-86　帧面板下方的播放控制按钮

在编辑环境下通过设置，可以对按钮元件以及简单的帧动作（play、stop、gotoplay和gotoandstop）进行测试。

要在影片编辑环境下测试按钮元件，需要打开“控制”菜单并执行“启用简单按钮”命令。此时按钮将作出与最终动画中一样的响应，包括这个按钮所附加的脚本语言。

要在影片编辑环境下测试简单的帧动作（play、stop、gotoplay和gotoandstop），需要打开“控制”菜单并执行“启用简单帧动作”命令。

2. *在影片测试环境下测试影片*

如果动画中包括影片剪辑、交互动作、场景转换效果等，就需要使用 Flash 提供的专用测试窗口。

（1）打开“控制”菜单，再单击“测试影片”→“测试”，或者按快捷键“Ctrl+Enter”，就可以测试一个动画的全部内容。Flash 将自动导出当前影片中的所有场景，然后将影片文件在新的测试窗口中打开，如图 5-87 所示。

图 5-87 在新的测试窗口中打开影片

（2）在影片测试窗口中，打开“视图”菜单，执行“下载设置”命令，然后选择一个下载速度来确定 Flash 模拟的数据流速率，如果要输入自定义的用户设置，可以选择“自定义”选项，如图 5-88 所示。

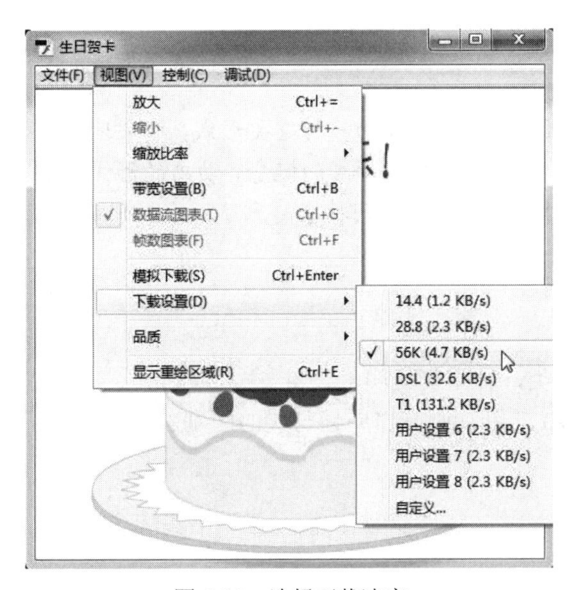

图 5-88 选择下载速度

（3）打开“视图”菜单，执行“带宽设置”命令，可以显示下载性能图表，如图 5-89 所示。左侧会显示文档的相关信息、文档设置、文档状态等，右侧显示时间轴标题和图表。在该图表中，每个条形代表文档的一个单独帧，条形的大小对应于帧的大小（以字节为单位）。时间轴标题下面的横线指出，在当前的调制解调器速度下，指定的帧能否实时流动。如果某个条形伸出到横线之上，则文档必须等待该帧加载。

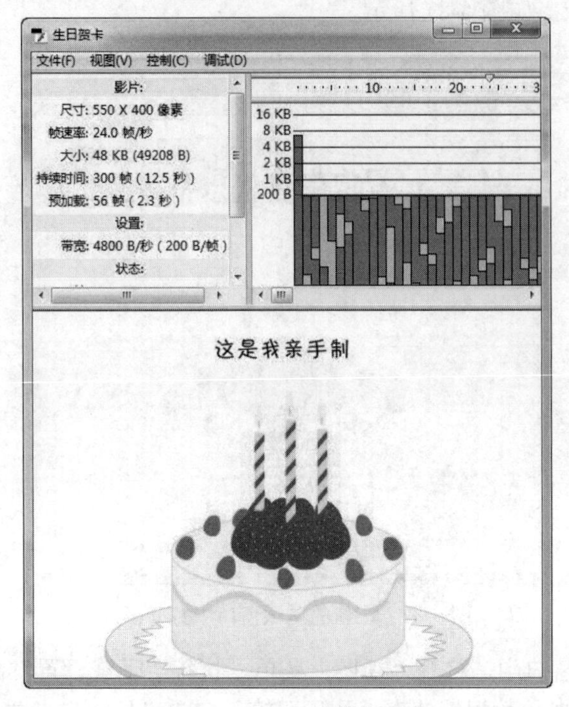

图 5-89　显示下载性能图表

本章小结

在数字化时代，动画作为内容制作的一种重要形式，极大地丰富了用户的视觉感观，也带来了更为直接生动的用户体验。本章在动画的概念、动画的形式类别、二维动画的制作技术等方面进行了详细表述，对于动画制作这门技术起到了一个入门的作用。

思考题

1. 请简述动画的分类，并举例说明。
2. 请简要描述 Flash 二维动画制作中帧与层的区别。

6 虚拟现实处理技术

虚拟现实（Virtual Reality，简称 VR）技术是仿真技术的一个重要方向，是仿真技术与计算机图形学人机接口技术、多媒体技术、传感技术、网络技术等多种技术的集合，是一门富有挑战性的交叉技术前沿学科。虚拟现实技术主要包括模拟环境、感知、自然技能和传感设备等方面。模拟环境是由计算机生成的、实时动态的三维立体逼真图像；感知是指理想的 VR 应该具有一切人所具有的感知，除计算机图形技术所生成的视觉感知外，还有听觉、触觉、力觉、运动等感知，甚至还包括嗅觉和味觉等，也称为多感知；自然技能是指转动头部、眨眼睛、打手势或其他人体行为动作，由计算机来处理与参与者的动作相适应的数据，并对用户的输入作出实时响应，并分别反馈到用户的五官；传感设备是指三维交互设备。

6.1 认识虚拟现实

虚拟现实是继多媒体以后另一个在计算机界引起广泛关注的研究热点。从表面上看，这些技术之间有许多相似之处：它们都是声、文、图并茂，容易被人们所接受；都可用于娱乐、教育等各方面。但是虚拟现实又要求使用立体眼镜、数据手套等高级设备，更为复杂和昂贵。正因为如此，人们对虚拟现实的认识也就不尽相同，有的认为虚拟现实和现有的一些技术（如计算机图形技术等）没有多少区别；有的认为虚拟现实只是一种游戏，没有什么用处；有的认为虚拟现实离我们太远，好似天方夜谭。那么虚拟现实技术到底是什么呢？

6.1.1 虚拟现实的发展

像大多数技术一样，虚拟现实也不是突然出现的，它是经过企业界、军事界及众多学术实验室相当长时间的研制开发后才进入公众领域的。

下面，我们回顾一下虚拟现实技术的发展历程。

1929 年 Link E.A.发明了一种飞行模拟器，使乘坐者实现了对飞行的一种感觉体验。可以说这是人类模拟仿真物理现实的初次尝试。

1956年，Heileg M.开发了一个摩托车仿真器Sensorama，具有三维显示及立体声效果，并能产生振动感觉。他在1962年的Sensorama Simulator专利中已表现出一定的VR技术的思想。

1965年，计算机图形学的重要奠基人Sutherland博士发表了一篇短文*The Ultimate Display*，以其敏锐的洞察力和丰富的想象力描绘了一种新的显示技术。

1966年，Sutherland I.E.等开始研制头盔式显示器，随后又将模拟力和触觉的反馈装置加入到系统中。

1973年，Krueger M.提出了Artificial Reality一词，这是早期出现的VR词语。由于受计算机技术本身发展的限制，总体上说20世纪六七十年代这一方向的技术发展不是很快，处于思想、概念和技术的酝酿形成阶段。

20世纪80年代，美国宇航局及美国国防部组织了一系列有关虚拟现实技术的研究，并取得了令人瞩目的研究成果，从而引起了人们对虚拟现实技术的广泛关注。

20世纪90年代以后，随着计算机技术与高性能计算、人机交互技术与设备、计算机网络与通信等科学技术领域的突破和高速发展，以及军事演练、航空航天、复杂设备研制等重要应用领域的巨大需求，虚拟现实技术进入了快速发展时期。

6.1.2 虚拟现实的概念

从本质上说，虚拟现实就是一种先进的计算机用户接口，它通过给用户同时提供诸如视、听、触等各种直观而又自然的实时感知交互手段，最大限度地方便了用户的操作，从而减轻用户的负担、提高整个系统的工作效率。根据虚拟现实所应用对象的不同，虚拟现实的作用可以表现为不同的形式，如将某种概念设计或构思可视化和可操作化；实现逼真的遥控现场的效果；达到任意复杂环境下的廉价模拟训练目的等。

虚拟现实的定义可以归纳如下：虚拟现实是利用计算机生成一种模拟环境，通过多种传感设备使用户“投入”到该环境中，实现用户与该环境直接进行自然交互的技术。这里所谓模拟环境就是用计算机生成的具有表面色彩的立体图形，它可以是某一特定现实世界的真实体现，也可以是纯粹构想的世界。传感设备包括立体头盔、数据手套、数据衣等穿戴于用户身上的装置和设置于现实环境中的传感装置（不直接戴在身上）。自然交互是指用日常使用的方式对环境内的物体进行操作（如用手拿东西、行走等）并得到实时立体反馈。

与虚拟现实相类似的一个概念是增强现实（Artificial Reality，简称AR），它是可以更方便地与用可视化技术建立的三维空间中的物体进行交互的技术。这个空间是人造的，但是物体的控制方法就像物体是在现实空间中一样，所以就称为增强现实。例如，可用AR技术来漫游用可视化技术建立的大脑结构。另一个相关概念是遥现技术（Telepresence），它是一种基于VR的遥控操作或遥控显示技术。

6.1.3 虚拟现实的特征

虚拟现实技术具有以下三个重要特征。

1. 沉浸性

沉浸性又称浸入性，是指用户感觉到好像完全置身于虚拟世界之中一样，被虚拟世界所包围。虚拟现实技术的主要技术特征就是让用户觉得自己是计算机系统所创建的虚拟世界中的一部分，使用户由被动的观察者变成主动的参与者，沉浸于虚拟世界之中，参与虚拟世界的各种活动。比较理想的虚拟世界可以达到使用户难以分辨真假的程度，甚至超越真实，实现比现实更逼真的照明和音响等效果。

虚拟现实的沉浸性来源于对虚拟世界的多感知性，除了我们常见的视觉感知、听觉感知外，还有力觉感知、触觉感知、运动感知、味觉感知、嗅觉感知等。从理论上来说，虚拟现实系统应该具备人在现实客观世界中具有的所有感知功能。但鉴于目前科学技术的局限性，在虚拟现实系统中，研究与应用中较为成熟或相对成熟的主要是视觉沉浸、听觉沉浸、触觉沉浸、嗅觉沉浸，有关味觉等其他的感知技术正在研究之中，还很不成熟。

（1）视觉沉浸。视觉通道是给人的视觉系统提供图形显示。为了提供给用户身临其境的逼真感觉，视觉通道应该满足一些要求：显示的像素应该足够小，使人不至于感觉到像素的不连续；显示更新的频率应该足够高，使人不至于感觉到画面的不连续；要提供具有双目视差的图形，形成立体视觉；要有足够大的视场，理想情况是显示的画面充满整个视场。

虚拟现实系统向用户提供虚拟世界真实的、直观的三维立体视图，并直接接受用户控制。在虚拟现实系统中，产生视觉方面的沉浸性是十分重要的，视觉沉浸性的建立依赖于用户与合成图像的集成，虚拟现实系统必须向用户提供立体三维效果及较宽的视野，同时随着人的运动，输出的场景也随之实时地改变。较理想的视觉沉浸环境是在洞穴式显示设备（CAVE）中，采用多面立体投影系统得到较强的视觉效果。另外，可将此系统与真实世界隔离，避免受到外面真实世界的影响，用户可获得完全沉浸于虚拟世界的感觉。

（2）听觉沉浸。声音通道是除视觉外的另一个重要感觉通道，如果在虚拟现实系统加入与视觉同步的声音效果作为补充，在很大程度上可提高虚拟现实系统的沉浸效果。在虚拟现实系统中，主要让用户感觉到的是三维虚拟声音，这与普通立体声有所不同，普通立体声可使人感觉声音来自于某个平面，而三维虚拟声音可使听者能感觉到声音来自于围绕双耳的一个球形中的任何位置，它可以模拟大范围的声音效果，如闪电、雷鸣、波浪声等自然现象的声音。在沉浸式三维虚拟世界中，两个物体碰撞时，也会出现碰撞的声音，并且用户根据声音能准确判断出声源的位置。

（3）触觉沉浸。在虚拟现实系统中，可以借助于各种特殊的交互设备，使用户能体验抓、握等操作。当然从现在技术来说不可能达到与真实世界完全相同的触觉沉浸，除非技术发展到同人脑能进行直接交流。基于目前的技术水平，主要侧重于力反馈方面，如使用充气式手套，在虚拟世界中与物体相接触时，能产生与真实世界相同的感觉，如用户在打球时，不仅能听到拍球时发出的“嘭嘭”声，还能感受到球对手的反作用力，即手上有一种受压迫的感觉。

（4）嗅觉沉浸。有关嗅觉模拟的开发是最近几年的一个课题，在日本最新开发出一种嗅觉模拟器，只要把虚拟空间中的水果放到鼻尖上一闻，装置就会在鼻尖处释放出水果的香味。其基本原理是这一装置的使用者先把能放出香味的环状的嗅觉提示装置套在手上，头上戴着图像显示器，就可以看到虚拟空间的事物。如果看到苹果和香蕉等水果，用指尖把显示器拉到鼻尖上，位置感知装置就会检测出显示器和环状嗅觉提示装置接近。环状装置里装着八个小瓶，分别盛着八种水果的香料，一旦显示器接近，气泵就会根据显示器上的水果形象释放特定的香味，让人闻到水果的飘香。

虽然这些设备还不是很成熟，但对于虚拟现实技术来说，是在嗅觉研究领域的一个突破。

（5）身体感觉沉浸、味觉沉浸等。在虚拟现实系统中，除了需要实现以上的各种感觉沉浸外，还要实现身体的各种感觉、味觉感觉等，但基于现在的科技水平，人们对这些沉浸性的形成的机理知之较少，处于初级程度，有待进一步研究与开发。

2. 交互性

交互性是指用户对模拟环境内物体的可操作程度和从环境得到反馈的自然程度（包括实时性）。

在虚拟现实系统中，交互性的实现与传统的多媒体技术有所不同，在传统的多媒体技术中，人机之间的交互工具从计算机发明直到现在，主要是通过键盘与鼠标进行一维、二维的交互，而虚拟现实系统强调人与虚拟世界之间要以自然的方式进行交互，如人的走动、头的转动、手的移动等，通过这些，用户与虚拟世界进行交互，并且借助于虚拟现实系统中特殊的硬件设备（如数据手套、力反馈设备等），以自然的方式与虚拟世界进行交互，实时产生在真实世界中一样的感知，甚至连用户本人都意识不到计算机的存在。例如，用户可以用手直接抓取虚拟世界中的物体，这时手有触摸感，可以感觉到物体的重量，能区分所拿的是石头还是海绵，并且场景中被抓的物体也立刻随着手的运动而移动。

3. 想象性

想象性指虚拟的环境是人想象出来的，同时这种想象体现出设计者相应的思想，因而可以用来实现一定的目标。

虚拟现实技术不仅仅是一个媒体或一个高级用户界面，它同时还可以是为解决工程、医学、军事等方面的问题而由开发者设计出来的应用软件。比如当在盖一座现代化的大厦之前，首先要做的事是对这座大厦的结构作细致的构思，为了使之定量化，还需设计许多图纸，正如这些图纸反映的是设计者的构思，虚拟现实同样反映的是某个设计者的思想，只不过它的功能远比那些呆板的图纸生动、强大，所以国外有些学者称虚拟现实为放大人们心灵的工具。

6.1.4 虚拟现实与其他技术的比较

根据虚拟现实的概念及其上述的特征；我们不难将虚拟现实与相关技术区分开来，例如仿真技术、计算机图形技术以及多媒体技术等。

仿真（Simulation）是一门利用计算机软件模拟实际环境进行科学实验的技术，从模拟实际环境这一特点看，仿真技术与虚拟现实技术有着一定的相似性。但是，首先在沉浸性方面，仿真技术原则上以视觉和听觉为主要沉浸，很少用到其他沉浸（如触觉、力觉等）；在交互性方面，仿真基本上将用户视为“旁观者”，可视场景既不随用户的视点变化，用户也没有身临其境之感，一般不强调交互的实时性。

计算机图形技术（Computer Graphics）是一门实时图形生成与显示的技术，它具有良好的实时交互性和一定的自主性，但是，在沉浸性方面与虚拟现实有较大差距。CG 主要依赖于视觉和听觉沉浸，虽然生成的图形可以具有三维立体数据，但由于沉浸手段的限制，用户并不能感到自己和生成的图形世界融合在一起，如场景不能随自己的视线改变而改变等。

多媒体技术（Multimedia）是利用计算机综合组织、处理和操作多种媒体信息（如视频、音频、图像、文字等）的技术。多媒体技术虽然具有多种媒体，但是在沉浸范围上仍没有虚拟现实广泛，如多媒体并不包括触觉、嗅觉的沉浸。另外，多媒体处理的对象主要是二维的，因此在交互性方面与虚拟现实有着本质的区别。

尽管虚拟现实与上述相关技术有较大差异，但是虚拟现实又与它们密切相关。虚拟现实是在众多的相关技术基础上发展起来的，但它又不是相关技术的简单组合。从技术上看，虚拟现实与各相关技术有着或多或少的相似之处，但是在思维方式上虚拟现实已经有了质的飞跃。由于虚拟现实是一门系统性技术，因此它不能像某一单项技术那样只从一个方面考虑问题，它需要将所有组成部分作为一个整体，去追求系统整体性能的最优。

6.1.5 虚拟现实分类

1. 桌面虚拟现实

桌面虚拟现实利用个人计算机和低级工作站进行仿真，将计算机的屏幕作为用户观察虚拟境界的一个窗口，通过各种输入设备实现现实与虚拟世界的充分交互，这些外部设备包括鼠标、追踪球、力矩球等。桌面虚拟现实要求参与者使用输入设备，通过计算机屏幕观察 360°范围内的虚拟境界，并操纵其中的物体，但这时参与者缺少完全的沉浸，因为他们仍然会受到周围现实环境的干扰。桌面虚拟现实最大特点是缺乏真实的现实体验，但是成本也相对较低，因而，应用比较广泛。常见的桌面虚拟现实技术有：基于静态图像的虚拟现实 QuickTime VR、虚拟现实造型语言 VRML、桌面三维虚拟现实、MUD 等。

2. 沉浸的虚拟现实

高级虚拟现实系统提供完全沉浸的体验，使用户有一种置身于虚拟境界之中的感觉，它利用头盔式显示器或其他设备，把参与者的视觉、听觉和其他感觉封闭起来，提供一个新的、虚拟的感觉空间，并利用位置跟踪器、数据手套、其他手控输入设备、声音等使得参与者产生一种身临其境、全心投入和沉浸其中的感觉。常见的沉浸式系统有：基于头盔式显示器的系统、投影式虚拟现实系统、远程存在系统。

3. 增强现实性的虚拟现实

增强现实性的虚拟现实不仅是利用虚拟现实技术来模拟现实世界、仿真现实世界，而且要利用它来增强参与者对真实环境的感受，也就是增强现实中无法感知或不方便感知的感受。典型的实例是战机飞行员的平视显示器，它可以将仪表读数和武器瞄准数据投射到安装在飞行员面前的穿透式屏幕上，它可以使飞行员不必低头读座舱中仪表的数据，从而可集中精力盯着敌人的飞机或导航偏差。

4. 分布式虚拟现实

如果多个用户通过计算机网络连接在一起，同时参加一个虚拟空间，共同体验虚拟经历，那虚拟现实则提升到了一个更高的境界，这就是分布式虚拟现实系统。在分布式虚拟现实系统中，多个用户可通过网络对同一虚拟世界进行观察和操作，以达到协同工作的目的。目前最典型的分布式虚拟现实系统是 SIMNET，SIMNET 由坦克仿真器通过网络连接而成，用于部队的联合训练。通过 SIMNET，位于德国的仿真器可以和位于美国的仿真器一样运行在同一个虚拟世界，参与同一场作战演习。

6.2 理解制作技术

虚拟现实系统的目标是由计算机生成虚拟世界，用户可以与之进行视觉、听觉、触觉、嗅觉、味觉等全方位的交互，并且虚拟现实系统能进行实时响应。要实现这种目标，除了需要有一些专业的硬件设备外，还必须有较多的相关技术及软件加以保证，特别是在现阶段计算机的运行速度还达不到虚拟现实系统所需要的情况下，相关技术就显得更加重要。在本节中，对这些主要技术进行一个简单的介绍，让读者对关键技术及难点有一个初步的了解。

6.2.1 立体显示技术

人类从客观世界获得的信息的80%以上来自视觉，视觉信息的获取是人类感知外部世界、获取信息的最主要的传感通道，这也就使得视觉通道成为多感知的虚拟现实系统中最重要的环节。在视觉显示技术中，实现立体显示技术是较为复杂与关键的，因此立体视觉显示技术也就成为虚拟现实的一种极重要的支撑技术。

根据前面的相关知识，我们知道由于人眼一左一右，有大约 6～8 cm 的距离，因此左右眼各自处在不同的位置，所得的画面有一点细微的差异。正是这种视差，使人的大脑能将两眼得到的细微差别图像进行融合，从而在大脑中产生有空间感的立体物体。在一般的二维图片中，保存了的三维信息，通过图像的灰度变化来反映，这种方法只能产生部分深度信息的恢复，而我们所指的立体图是通过让左右双眼接收不同的图像，从而真正地恢复三维的信息，立体图的产生基本过程是对同一场景分别产生两个相应于左右双眼的不同图像，让它们之间具有一定的视差，从而保存了深度立体信息。在观察时借助立体眼镜等设备，使左右双眼只能看到与之相应的图像，视线相交于三维空间中的一点上，从而恢复出三维深度信息。

1. 彩色眼镜法

采用戴红绿滤色片眼镜看的立体电影就是其中一种，这种方法称为彩色眼镜法。其原理是模拟人的双眼位置从左右两个视角拍摄出两个影像，然后分别以滤光片（通常以红绿滤光片为多）投影重叠印到同一画面上，制成一条电影胶片。在放映时，观众需戴上一个镜片为红色另一个镜片为绿色的眼镜。利用红或绿色滤光片能吸收其他的光线，而只能让相同颜色的光线透过的特点，使不同的光波波长通过红镜片的眼睛只能看到红色影像，通过绿色镜片的眼睛只能看到绿色影像，实现立体感。

2. 偏振光眼镜法

偏振光眼镜法是一种在立体电影放映时，采用两个电影机同时放映两个画面，重叠在一个屏幕上，并且在放映机镜头前分别装有两个相差互为 90 度的偏振光镜片，投影在不会破坏偏振方向的金属幕上，成为重叠的双影的方法。观众在观看时戴上偏振轴互为 90 度、与放映画面的偏振光相应的偏光眼镜，即可把双影分开，形成一个立体效果的图像。

3. 串行立体显示技术

串行立体显示技术是以一定频率交替显示两幅图像，用户通过以相同频率同步切换的有源或无源眼镜来进行观察，使用户双眼只能看到相应的图像，其真实感较强。

目前串行立体显示的主流设备为液晶光阀眼镜，它由两个控制快门（液晶片）和一个同步信号光电转换器组成。其中光电转换器负责将 CRT 依次显示左、右画面的同步信号传递给液晶眼镜，当同步信号被转换为电信号后用以控制液晶快门的开关，从而实现了左右眼看到对应的图像，使人获得立体的感觉。

4. 裸眼立体显示技术

近年来，美国 DTI 公司、东芝公司、夏普公司等生产出一种可以不用戴立体眼镜，而直接采用裸眼就可观看的立体液晶显示器。这种显示器结合了双眼的视觉差和图片三维的原理，自动生成两幅图片，一幅给左眼看，一幅给右眼看，使人的双眼产生视觉差异。由于双眼观看液晶的角度不同，因此不用佩戴立体眼镜就可以看到立体的图像。

6.2.2 三维虚拟声音的实现技术

听觉信息是人类仅次于视觉信息的第二传感通道。因此，如果在虚拟环境中加入可以与视觉同时并行的三绝虚拟声音，将会使用户能从既有视觉感受又有听觉感受的环境中获得更多的信息，从而在很大程度上增强了用户在虚拟世界中的沉浸感和交互性。

虚拟现实系统中的三维虚拟声音与人们熟悉的立体声音完全不同。我们日常听到的立体声音虽然有左右声道之分，但就整体效果而言，我们能感觉到立体声音来自听者面前的某个平面；而虚拟现实系统中的三维虚拟声音，却使听者感觉到声音是来自围绕听者双耳的一个球形中的任何地方，即声音可能出现在头的上方、后方或者前方。如战场模拟训练系统中，当用户听到了对手射击的枪声时，他就能像在现实世界中一样准确而且迅速地判断出对手的位置。因而把在虚拟场景中能使用户准确地判断出声源的精确位置、符合人们在真实境界中听觉方式的声音系统称为三维虚拟声音。

1. 三维虚拟声音的主要特征

三维虚拟声音的主要特征有以下 3 点。

（1）全向三维定位特性。全向三维定位特性（3D Steering）是指在三维虚拟空间中把实际声音信号定位到特定虚拟声源的能力，它能使用户准确地判断出声源的精确位置，从而符合人们在真实境界中的听觉方式。

（2）三维实时跟踪特性。三维实时跟踪特性（3D Real-Time Localization）是指在三维虚拟空间中实时跟踪虚拟声源位置变化或景象变化的能力。当实验者转动头部时，这个虚拟的声源的位置也应随之变动，使实验者感到真实声源的位置并未发生变化。而当虚拟发声物体移动位置时，其声源位置也应有所改变。因为只有声音效果与实时变化的视觉相一致，才可能产生视觉和听觉的叠加与同步效应。

（3）沉浸感与交互性。三维声音的沉浸感就是指使用户产生身临其境感觉的能力，这可以更进一步吸引人沉浸在虚拟环境之中，有助于增强临场感。而三维声音的交互性则是指随用户的运动而产生的临场反应和实时响应的能力。

2. 三维虚拟声音系统的构建

在虚拟环境中生成一个较完善的三维声音系统是一个极其复杂的过程。为了建立三维虚拟声音，一般可以先从一个最简单的单耳声源开始，然后让它通过一个专门的回旋硬件，生成分离的左右信号，便可以使一个戴耳机的用户准确地确定声源在空间的位置。

多年研究表明，人对于声源的定位不仅与传给两耳的信号间的强度及其时间相位差异有关，更取决于对进入耳朵的声音产生频谱的耳廓。大脑就是依靠耳廓加在入耳的压力波上的独特的“耳印”来获取空间信息的。而耳机，尤其是那种直接插入耳中的小耳机，由于忽视或破坏了耳廓的作用，就使人感到声场就在头内。因此，只有借助于左右耳廓造成的频谱成形或转移函数，再通过对耳机的左右声道进行人为电子成形后，才能使大脑认为声音来自外界。

科研人员首先通过测量外界声音及鼓膜上的声音的频谱差异，获得了声音在耳附近发生的频谱成形，随后利用这些数据对声波与人耳的交互方式进行编码，得出相关的一组转移函数，并确定出两耳的信号传播延迟特点，以此对声源进行定位。通常在虚拟现实系统中，当无回声的信号由这组转移函数处理后，再通过与声源缠绕在一起的滤波器驱动一组耳机，就可以在传统的耳机上形成有真实感的三维音阶了。

3. 语音识别技术

语音识别技术是指将人说话的语音信号转换为可被计算机程序所识别的文字信息，从而识别说话人的语音指令以及文字内容的技术。语音识别一般包括参数提取、参考模式建立、模式识别等过程。当用户通过一个话筒将声音输入到系统中，系统把它转换成数据文件后，语音识别软件便开始以输入的声音样本与事先储存好的声音样本进行对比工作。在声音对比工作完成之后，系统就会输入一个它认为最“像”的声音样本序号，由此可以知道用户刚才念的声音是什么意义，进而执行此命令。

4. 语音合成技术

语音合成技术是从语音参数出发，经过数字处理和运算，被还原成数字化的语音信号，然后再通过 D/A 转换而输出语音的技术。在虚拟现实系统中，语音合成是向用户提供信息的另一种途径。通过语音合成技术用声音读出必要的命令及文字信息，就可以弥补视觉信息的不足。特别是如果将语音合成技术与语音识别技术结合起来，就可以使用户与计算机所创建的虚拟环境进行简单的语音交流了。当用户的双手正忙于执行其他任务、双眼正注视图像时，这个语音交流的功能就显得尤为重要了。

6.2.3 触摸和力量反馈技术

触觉也是人们从客观世界获取信息的重要传感渠道之一。在很多情况下，尽管人们能够看到一个物体的形状，听到它发出的声音，但还是希望能够通过自己的亲手触摸，感知物体的质地、温度、重量等多种信息后，才觉得较全面地了解了该物体。因此，在虚拟环境中增加触觉感知将有助于增强虚拟现实系统的真实感和沉浸感。

触觉感知包括触摸反馈和力量反馈所产生的感知信息。触摸感知是指人与物体对象接触所得到的全部感觉，是触摸觉、压觉、振动觉、刺痛觉等皮肤感觉的统称。所以，触摸反馈代表了作用在人皮肤上的力，它反映了人类触摸的感觉，或者是皮肤上受到压力的感觉；而力量反馈是作用在人的肌肉、关节和筋腱上的力，侧重于人的宏观、整体感受。举一个实例，当我们拿起一个物体时，通过触摸反馈可以感觉到物体是光滑而坚硬的，而通过力量反馈，才能感觉到物体的重量。

由于人的触觉相当敏感，一般精度的装置无法满足要求。目前大多数系统仍然主要集中并停留在力反馈和肌肉的运动知觉上，其中，很多力觉系统被做成骨架的形式，从而既能检测方位，又能产生移动阻力和有效的抵抗阻力。而对于真正的触觉绘制，现阶段的研究成果还不成熟。如，对于接触感，目前的系统已能够给身体提供很好的提示，但却不够真实；对于温度感，虽然可以利用一些微型电热泵在局部区域产生冷热感，但这类系统还很昂贵；而对于其他一些感觉，诸如味觉、嗅觉和体感等，至今仍然没有能力对它们进行快速、有效地绘制生成。

6.2.4 环境建模技术

在虚拟现实系统中，营造的虚拟环境是它的核心内容，要建立虚拟环境，首先要建模，然后在其基础上再进行实时绘制、立体显示，形成一个虚拟的世界。建模的目的在于获取实际三维环境的三维数据，并根据其应用的需要，利用获取的三维数据建立相应的虚拟环境模型。建模技术可分为三类：几何建模、物理建模和行为建模。几何建模处理物体的几何和形状的表示，研究图形的数据结构等基本问题；行为建模是处理物体的运动和行为的描述，即通常所称的动画。

1. 几何建模技术

几何建模技术的研究对象是对物体几何信息的表示与处理，它涉及表示几何信息的数据结构，以及相关的构造与操纵该数据结构的算法。评价一个虚拟环境建模技术水平的三个常用指标是：交互式显示能力、交互式操纵能力和易于构造的能力。另外，模型是用于生成图像显示给用户的，而图像必须每秒更新 20 次以上才能使用户产生连续的视觉，因此模型的表示还必须便于快速构造和显示。构造一个好的模型十分费时，这就需要根据对象的特点选取不同的建模方法和工具。

建模方法包括体素和结构两个方面。体素是用来构造物体的原子单位，体素的选取决定了建模系统所能构造的对象范围；结构用来决定体素如何组合以构成新的对象。建模方法按其结构又可分为两种。

（1）层次建模方法。层次建模方法是利用树形结构来表示物体的各个组成部分，树形结构不仅提供了一种简便、自然的分割复杂物体的方法，而且对模型的修改也是十分有利的。以人的手臂模型为例，利用层次建模方法，手臂可以由上臂、下臂、手和手指等 4 个层次的节点从上至下加以描述。当上臂发生移动时，将带动整个手臂的所有子节点（下臂、手和手指）一起移动；而当手指单独移动时，只需要描述该节点相对于其父节点（手）的相对位置和方向即可。由于树形结构是物体结构的自然描述，因此，上述变换是有物理意义的，它反映了物体的结构属性，且层次模型易于显示，其显示操作可采用基于树的深度优先算法。

（2）属主建模方法。属主建模方法的思想是让同一种对象拥有同一个属主，属主包含了该类对象的详细结构。当要建立某个属主的一个实例时，只要复制指向属主的指针即可。例如若电视机背墙上的射灯打灯时，设置属性是一致的，因此可以创建一盏灯的属主，以后打灯时只需进行一盏灯的属主指针设置即可，通过独立的一盏灯指针方位的改变，就可以得到所有射灯的方位，既容易操作又可以提高效率。

2. 物理建模技术

物理建模技术主要对物体对象加强表面真实感效应，结合几何建模与虚拟现实技术中的行为规则，通过对物体对象的质量、重量、惯性、表面纹理、硬度以及变形模式等特点建模，让虚拟环境中的真实感更加强烈。物理建模技术中有关力的反馈问题，需要结合物理学以及计算机图形学进行联合构建，在虚拟现实技术中拥有较高的层次建模标准，其表现形式主要为物体重量、表面变形模式与物体硬度属性等。

目前，在众多建模方法中，分型技术和粒子系统最为普遍。

针对虚拟现实的特殊性，分型物理建模技术多用在静态远景建模方式中，能够进行存在自相似特征的数据信息采集与表述。如用树木作为自相似特征分析，树叶由相关树梢构成，树叶相同，树梢细节构建一棵大树的形象，这就是所谓的统计意义上的自相似。简单易操作是分形技术的最大特点，可以进行小规则的建模，但是算法繁杂、量大是最大的缺点，直接降低了图像实时生成的速度。

用简单的体素完成复杂的运动的建模即粒子系统，此种形式在物理建模中极具代表性。粒子系统常用于虚拟现实中动态的、运动的物体建模，如场景中火焰、水流、喷泉等特殊效果均可用此种方式来实现。

3. 行为建模技术

几何建模技术是虚拟环境建模的基础，行为建模技术则体现了虚拟环境建模的特征。行为建模技术用于处理对物体的运动和行为的描述，其建模方法通常被分为运动学方法和动力学仿真方法。

（1）运动学方法。运动学是通过几何变换，如平移和旋转等来描述运动的。在运动控制中，无须知道物体的物理属性。在关键帧动画中，运动是通过显示指定几何变换来实施的，内插帧可用各种插值技术来完成，如线性插值、三次样条插值等。

（2）动力学仿真方法。动力学仿真方法运用物理定律而非几何变换来描述物体的运动，在该方法中，运动是通过物体的质量和惯性、力和力矩以及其他物理作用计算出来的，该方法的优点是运动描述更精确、运动更自然。由于动力学仿真方法比较注重物体间的交互作用，因而它更适于物体间交互作用较多的环境建模。

运动学方法和动力学仿真方法都可以模拟物体的行为，但各有其优越性和局限性。运动学方法可以做得很真实和高效，但应用面不广；而动力学仿真方法利用真实规律精确描述物体的行为，具有广泛的应用领域，但可能需要很大的计算量。

6.2.5 虚拟环境中的自然交互技术

虚拟现实技术的研究目标是消除人所处的环境和计算机系统之间的界限，即在计算机系统提供的虚拟空间中，人可以使用眼睛、耳朵、皮肤等各种器官直接与之发生交互，这就是虚拟环境下的自然交互技术。目前，与虚拟现实中的其他部分相比，这种自然交互技术仍然要落后一些。为了进一步提高人在虚拟环境中的自然交互程度，研究人员一方面在不断改进现有硬件、特别是软件的性能，另一方面则是将其他相关领域的技术成果引入虚拟现实系统中，从而扩展全新的人机交互方式。目前，在虚拟现实领域中较为常用的交互技术主要有手势识别、面部表情的传达以及眼动识别等。

1. 手势识别（Gesture Recognition）

手势是一种较为简单、方便的交互方式，也是人体语言的一个非常重要的组成部分，它是包含信息量最多的一种人体语言，它与语言及书面语等自然语言的表达能力相同，因而在人机交互方面，手势完全可以作为一种手段，而且具有很强的视觉效果，因为它生动、形象、直观。

目前，能识别手势的典型交互设备是数据手套，它能够实时捕捉手的运动，能对较为复杂的手的动作进行检测，包括手的位置、方向和手指弯曲度等，并可根据这些信息对手势进行分类，因而较为实用。但是，数据手套价格昂贵，而且相应的测量装置也限制了人的自由运动。与之相比，采用摄像机输入手势则是一种更为先进的方法。这种方法是由摄像机连续拍摄下手部的运动图像后，先采用轮廓提取的办法识别出手上的每一个手指，进而再用边界特征识别的方法区分出一个较小的、集中的各种手势。这种识别方式最大的优点是输入设备比较便宜，使用时不干扰用户，但是识别率比较低、实时性较差。

人类的手势多种多样，而且不同的用户在做相同手势时其手指的移动也存在着一定的差别，所以，使用未经优化的手势命令是很难被系统准确识别的。对此，人们通过研究、归纳，将虚拟世界中常用的指令定义做出了一系列的手势集合，每个不同的手势都代表不同的操作含义。利用这些手势，参与者可以执行诸如导航、拾取物体、释放物体等操作，因此该类集合实际上就是一种手势语言。

手势识别技术主要有：模板匹配、人工神经网络和统计分析技术。模板匹配技术是将传感器输入的数据与预定义的手势模板进行匹配，通过测量两者的相似度来识别出手势；人工神经网络技术是具有自组织和自学习能力，能有效地抗噪声和处理不完整的模式，是一种比较优良的模式识别技术；统计分析技术是通过基于概率的方法来统计样本特征向量确定分类的一种识别技术。

2. 面部表情识别

在人与人的交互中，人脸是十分重要的，人可以通过脸部的表情表达自己的各种情绪，传递必要的信息。在虚拟现实系统中，人的面部表情的交互在目前来说还是一种不太成熟的技术，人脸图像的分割、主要特征定位以及识别是这个技术的主要难点。

（1）面部表情的跟踪。为了识别表情，首先要将表情信息从外界摄取回来。现阶段，跟踪面部表情的装置和方法不一，比较典型的是由Sim-Graphics开发的虚拟演员（VActor）系统。此系统要求用户戴上装有传感器的头盔，传感器触及脸的不同部位，使它们能够控制计算机生成的形象。目前，VActor系统还能够与一个由Adaptive Optics Associates生产的红外运动分析系统结合使用，但在这种情况下需要将红外反射头贴到用户的脸上，以跟踪记录用户的面部表情变化。此外，有的系统还能通过摄像机拍摄用户的面部表情，然后利用图像分析和识别技术进行表情识别，这样可以减少各种复杂仪器对用户的影响，使人机交互更加真实自然。

（2）面部表情的编码。要使计算机能识别表情，就要将表情信息以计算机所能理解的形式表示出来，即对面部表情进行编码。根据“面部运动确定表情”的思想，科研人员Ekman和Ffiesen提出了一个描述所有视觉上可区分的面部运动的系统，叫作面部动作编码系统（FACS），它是基于对所有引起面部动作的脸的“动作单元”的枚举编制而成的。在FACS中，一共有46个描述面部表情变化的动作单元（AU）和12个描述头的朝向和视线变化的AU。FACS系统由专人根据面部解剖活动对面部活动进行分类并完成编码，即由FACS编码员“解剖”表情，把它分解成特定的一些产生该运动的AU。如快乐的表情被视为“牵拉嘴角（AU12+13）和张嘴（AU25+27）并升高上唇（AU10）以及皱纹的略微加深（AU11）”的结合。

FACS的计分单位是描述性的，并不涉及情绪因素。但是，利用一套专门的规则，FACS分数就能够被转换成情绪分数，从而生成一个FACS的情绪字典。

（3）面部表情的识别。表情之间存在着相互渗透和融合，很难明确地划分为不同种类。根据分析人的眉、眼、口等面部器官在不同表情时产生的变化，对表情的识别采用了图6-1所示的二叉树分类器方案，其中neutral表示中性，happy表示快乐，fear表示恐惧，sad表示悲伤，angry 表示愤怒，disgust 表示厌恶，surprise 表示惊奇。

图 6-1　表情识别判别树

在到达树的某一个叶结点后，还需要判断它是否具备该表情的其他特征，只有具备全部特征，才能宣告识别成功。表情识别的系统流程如图 6-2 所示。

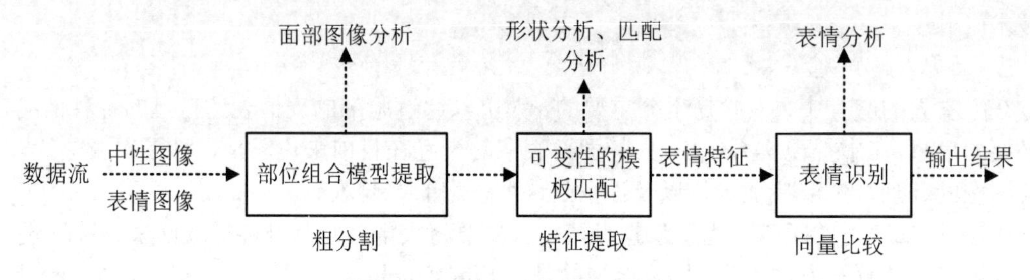

图 6-2　表情识别的系统流程图

面部表情的识别是通过对 FACS 中的各种预定义的面部运动的分类来进行的，而不是独立地确定每一个点。例如，检测脸上 6 个预定义的和手工预置的矩形区域中的运动（量化为 8 个方向），然后利用 6 种表情的简化 FACS 规则进行识别。目前，在 105 个表情的数据库上，它们的总识别正确率为 80%，提高识别率的主要困难是难以运用 FACS 来描述人类面部运动时的复杂性。

3. 眼动跟踪

在虚拟世界中生成视觉的感知主要依赖于对人头部的跟踪，即当用户的头部发生运动时，生成虚拟环境中的场景将会随之改变，从而实现实时的视觉显示。但在现实世界中，人们可能经常在不转动头部的情况下，仅仅通过移动视线来观察一定范围内的环境或物体。在这一点上，单纯依靠头部跟踪是不全面的。为了模拟人眼的这个功能，我们在虚拟现实系统中引入眼动跟踪技术。

眼动跟踪的基本工作原理是利用图像处理技术，使用能锁定眼睛的特殊摄像机，通过摄入从人的眼角膜和瞳孔反射的红外线连续地记录视线变化，从而达到记录、分析视线追踪过程的目的。

现在常见的视觉追踪方法有：眼电图、虹膜-巩膜边缘、角膜反射、瞳孔-角膜反射、接触镜等几种。视觉跟踪技术可以弥补头部跟踪技术的不足之处，同时又可以简化传统交互过程中的步骤，使交互更为直接，因而目前多被用于军事、阅读以及帮助残疾人进行交互等领域。

6.3 应用虚拟现实

虚拟现实技术给人提供了一种特殊的自然交互环境，基于该功能，它几乎可以支持人类的任何社会活动，适用于任何领域，目前其已广泛深入航空航天、军事训练、医疗卫生、教育培训、城市建筑、商业展示、广告宣传、工业生产等领域。影音媒体行业也随着时代步伐，欲为观众带来交互式、身临其境的影音体验。本节主要为读者介绍虚拟现实在媒体领域的应用。

6.3.1 虚拟现实新闻应用模式

虚拟现实新闻又叫沉浸式新闻，是用360°全景摄像机与其他相关配套设备记录新闻事件，经过处理后，观众通过虚拟现实头戴显示器化身为新闻事件的"目击者"，以第一人称"亲历"新闻现场，是一种全新的新闻叙事模式，其目标在于向受众本真地（即新闻的真实性原则不变）再现新闻事件，最大程度地缩小受众与新闻之间的距离，实现沉浸式、立体化、全方位的丰富体验。虚拟现实新闻离不开虚拟现实技术的运用，以《纽约时报》的VR新闻应用"NYT VR"为例，该应用将其服务定位为"把全球正在发生的热点事件带到读者眼前，将读者带到热点新闻事件的现场"。用户通过虚拟现实眼镜在手机上观看虚拟现实新闻，"穿越时空"进入新闻事件发生的现场，近在咫尺的生动场景牵动着用户的每一处感官。

随着VR技术的进步，VR新闻这一新的新闻叙事方式逐渐成为各大传媒公司新闻创新的机遇，如"BBC"在原来的"信息、教育、娱乐"之上增加"研究与发展"，成立可以兼容手机与个人电脑的虚拟现实平台，适配终端从简易的"谷歌纸盒"到"三星Gear VR"和"Oculus Rift眼镜"以及"HTC Vive 头盔"，将终端使用者最大程度地聚集到"BBC"虚拟现实平台之上；"CNN"利用虚拟现实叙述故事的优越性推出专属虚拟现实新闻应用"CNNVR"，实现用户时间旅行之梦。国外新闻媒体通过虚拟现实应用和虚拟现实视频客户端的发布，为VR新闻开创了良好的开端，正在一步步促进新闻表达的升级。国内部分新闻机构的虚拟现实新闻项目也开始尝试，电视媒体方面，CCTV、东方卫视、深圳卫视等都与虚拟现实的内容团队合作录制电视节目；平面媒体方面，人民日报和新华社都成立了新媒体部门，以新闻作为主要尝试方向，财新传媒成立了自己的VR团队，已经制作了多部VR新闻、VR纪录片；门户网站方面，乐视、优酷、土豆都已通过虚拟现实进行两会的直播。其中，乐视VR与乐视视频全景频道专门开辟了两会VR直播专区，这是两会与全球热门的虚拟现实技术的首次牵手，实现了内容全景直播，覆盖海量用户，标志着两会报道从此步入VR时代。此次两会VR全景直播，乐视VR与国内一流知名媒体及乐视VR拍客群体展开全方位立体角度联合展示，从而保证了直播的权威性与报道的全面性，打造出坚固的新闻矩阵。

尽管虚拟现实技术能为读者带来全新的新闻阅读体验，但也并非所有新闻都适合这项技术。如暴力、灾难这种常见的新闻内容，近距离或者沉浸接触所产生的冲击与隔着电视观看不可同日而语。虚拟现实技术将引领新的信息传播方式，既为受众带来了不同以往的体验，也为媒体带来了新的机遇。由于人们对优质内容的需求远甚于从前，虚拟现实技术是深入消费者的很好切入点，这必将是媒体新一轮的商业契机所在。

6.3.2 虚拟现实互动交流类应用模式

虚拟现实被定性为一种交流媒介的研究开始于20世纪90年代，研究者们提出在虚拟现实情境下有通信和交流的可能，预言虚拟现实将最大程度超越人类身体局限而成为下一代媒介平台。与传统社交媒体相比，虚拟现实社交克服了时间上的延迟性，近乎“面对面”，能够让用户灵活地自定义自我形象，在虚拟的空间里完成立体三维互动。虚拟现实社交最显著的特点在于互动性，即能够与现实中的朋友在虚拟世界里相聚，共同完成一系列的社交活动。2014年Facebook收购虚拟现实硬件公司Oculus，Facebook的首席执行官马克·扎克伯格预测虚拟现实将成为新型的互动交流平台。2017年4月，Facebook在年度开发者大会上推出了虚拟现实社交代表性应用Facebook Spaces，同时该应用登录Oculus Rift应用商店，供用户免费下载体验。在这款虚拟现实社交应用中，Facebook Spaces为用户提供一个虚拟聊天室，用户可以邀请多个好友，以个性化的虚拟形象在虚拟现实空间和朋友进行多种多样的社交活动，如自拍、聊天、看电影，甚至可以创作3D绘画，充分体现虚拟现实沉浸、参与和导航等特点，成为颠覆社交体验的新型社交平台。Facebook Spaces这一应用的推出是打开虚拟现实社交局面的里程碑式进展，为市场带来启发的同时也将刺激市场的创新活力，未来将会有更加完善和功能多样的虚拟现实社交应用问世。

虚拟现实社交应用将改变人们的交流方式，形塑新的社交生活，对不同阶层、不同属性的群体都有重要意义；其能够克服传统社交网站和社交应用的距离感，对于人们工作、生活、情感交流都会产生显著影响，也将最大程度地促进虚拟现实设备“飞入寻常百姓家”，成为像手机一样的社交终端。

6.3.3 虚拟现实视频娱乐类应用模式

娱乐是刺激虚拟现实新媒体市场爆发的重要突破口，虚拟现实新媒体在视频娱乐方面的发展相比其他应用领域更加活跃且内容丰富，几乎涵盖了一切传统视频内容，主要包括：影视、游戏、直播三类原子应用模式。

1. 虚拟现实影视

虚拟现实电影的战略目标与普通电影不同，虚拟现实电影在拍摄制作中把观影者当作在场人，而不是场外观众，用户在360°全景的视野中通过眼球和头部的转动带出连绵不绝的画面和风景，电影不再用镜头的频繁切换来推动故事情节发展，打破传统电影中观众的“无身份旁观”机制，通过全景化和大视野的拍摄制作手法带给观众充分的沉浸感、临场感，使观众参与到影片中来，甚至能体验到一种介入故事进程的交互性，以第一人称视角观影。2017年5月17日至28日举办的第70届戛纳电影节上，奥斯卡获奖导演伊纳里图携带其构思四年的VR电影作品《Carne y Arena》参展，该长达六分半的影片讲述了一群移民和难民在穿越美墨边境时“惊险而疲惫的经历”。伊纳里图表示，他想通过VR技术，从影像介入生活，打破传统电影框格的局限，创造出一个独有的空间，让观影者能够真正站在移民者的立场上，深入其内心，感受其生活，而观看者借助头戴设备在整个观影过程中充分体验了身临其境的感觉，这是VR影视最为颠覆传统电影的体现。虽然影视是虚拟现实应用发展前景较好的领域，但国内虚拟现实影视应用普遍存在内容同质化、功能单一等问题，因此，在优质内容和功能创新上需要不断投入。

2. 虚拟现实游戏

虚拟现实的三大特性最直接的应用领域就是游戏，虚拟现实视觉交互功能刷新了传统数字游戏中“看”的作用，进一步确认了游戏玩家的第一人称身份，体现出更高的参与性。虚拟现实游戏是虚拟现实与网络游戏非常自然的结合，因为电子游戏本身是一种特殊的虚拟现实，从二维、三维到网络游戏，电子游戏在保持其实时性和交互性的同时，沉浸感和参与感不断提高和加强，而虚拟现实体感交互技术、立体显示技术和触觉反馈技术等在电子游戏中的应用将游戏所追求的交互、参与和沉浸同时推向空前的高度。游戏的目的在于娱乐，但并不仅限于娱乐，虚拟现实游戏还有更重要的意义，如通过VR游戏开展医疗干预、康复治疗、儿童专注力训练及自闭症和社交恐惧症的治疗等，让游戏走出单一娱乐目的，具备医疗和教育价值。与此同时，由于虚拟现实游戏以手柄手势为输入渠道，一改传统游戏玩家“粘在椅子上”的坏习惯，对于青少年沉迷网络游戏有明显的改善，对大量“宅族”而言，边游戏边运动是个两全其美的选择。随着对青少年教育的关注度提高，对教育形式和内容的创新，虚拟现实游戏成为教育的新帮手，与常规游戏相比，虚拟现实教育游戏对青少年的学业有明显的促进作用，随着虚拟现实技术的成熟，教育游戏成本降低，青少年及家长的关注会上升，从而促进三方面的共同发展。

3. 虚拟现实直播

近两年直播发展迅速，成为一种娱乐与社交的新媒介，VR直播将“观众”变成参与者，实时参与到所有在线用户共享的虚拟世界中来，极大地提高了直播的趣味性和关注度。VR直播是以360°全景活动为基础，通过实时渲染技术将虚拟内容的全景画面植入，实现不间断录制以及直接推送RTMP视频流进行专业传输，通过硬件设备佩戴，实现活动现场体验感。直观来说，就是通过虚拟现实技术，让受众成为可以“穿越”至事件现场成为目击者。对传统直播平台来说，VR直播是一次革新；对用户来说，这更是一场视觉盛宴。与虚拟现实的结合，使用户与主播可身处同一空间，可以最大限度地丰富直播内容，这种独特的互动方式可为直播平台创造新的盈利空间。

Next VR是一家虚拟现实流媒体公司，主营虚拟现实直播业务，正与三星合作共同开发虚拟现实头盔Gear VR项目，将Next VR的立体360°内容预装在Gear VR中供用户体验。现阶段，这一技术已可以实现通过Web将附有上双声道音频的立体360°虚拟现实视频实时传播到用户设备。

综上，虚拟现实新媒体应用总体上处在发展初期，不同应用面临着不同的发展问题。由于虚拟现实技术的瓶颈问题和终端的普及程度，虚拟现实新媒体各类应用又面临着设备、内容、成本等方面共同的挑战，这需要技术的不断创新和互联网技术的进步来克服。另一值得关注的是，虚拟现实电影、游戏、社交等多种应用正呈现出一种相互融合的发展趋势。

本章小结

虚拟现实技术是仿真技术的一个重要方向，是仿真技术与计算机图形学人机接口技术、多媒体技术、传感技术、网络技术等多种技术的集合，是一门富有挑战性的交叉技术前沿学科。本章从虚拟现实技术的概念、发展、技术特点、分类以及虚拟现实技术与其他技术的比较等方面着手，还对虚拟现实的基本制作技术进行了描述。

思考题

1．什么是虚拟现实？它有什么重要特性？
2．虚拟现实有哪几种类型？
3．虚拟现实有哪些主要技术？
4．在虚拟现实系统中，与显示技术相关的又哪些技术？
5．三维虚拟声音具有哪些主要特征？
6．虚拟环境建模技术中主要有几种方法？
7．在虚拟现实领域中较为常用的交互技术主要有哪些？
8．现阶段，虚拟现实在媒体领域的应用有哪些，请举例说明。

7 新媒体存储技术

新媒体存储技术是以网络和存储两个不同的技术发展起来的，存储使用发起方和目标方的概念来表达，在相连的设备之间形成一种主从关系；而网络则更多的是强调连接设备之间的对等关系。存储技术的重点在于高效的数据组织和存放，而网络的重点在于高效的数据传输。信息存储技术与信息处理和信息传输技术一起成为信息技术的三大基石。近年来，网络存储技术已经成为一个非常热门的研究方向。

7.1 新媒体压缩技术

随着多媒体、视频图像、文档映象等技术的出现，存储容量的需求越来越大，数据压缩就成了网络管理员的一个重要课题。数据压缩基本上是挤压数据使得它占用更少的磁盘存储空间和更短的传输时间，压缩的依据是数字数据中包含大量的重复，它将这些重复信息用占用空间较少的符号或代码来代替，以达到减少容量目的。

7.1.1 新媒体压缩技术概念

新媒体压缩技术是随着时代的不断变迁和发展产生的一种新型存储技术。在新媒体逐渐渗透到人们的生活、学习、工作等各个方面的时候，大量的数据和信息也应运而生，为了节约时间成本、追求更加高效便捷的生活办公环境，一切在新媒体领域产生的信息、数据开始被人们“打包”处理，而这种“打包”就是新媒体压缩技术。

什么是压缩？压缩对我们来说已经不是一种新鲜的事物了。在我们的生活学习过程中，经常会为了追求便捷、高效，对一些语言、词汇进行缩减，采取一种简单的叫法，如我们将各个省会的名称进行简单化的称呼，把湖南简称为湘、河南简称为豫、北京简称为京等；此外我们还经常会对一些名称较长的企业、协会进行中英文缩写，如把中华人民共和国缩写为中国，把中国互联网网络中心缩写为 CNNIC 等。这些都是我们在日常生活中运用到的压缩的例子。

自第三次科技革命以来，互联网的飞速发展大大改变了人们的生活方式和工作方式，计算机作为一种必不可少的电子设备渗透到了各行各业，每一秒世界上都有不计其数的互联网设备在高速运转，伴随着这些网络设备的运转，数据和信息呈现出爆炸性的增长，每时每刻都有无数的信息在世界上飞速传播，这就对互联网设备数据存储、传输、处理能力提出了更高的要求。根据传播技术理论，提升网络通信设备的信息承载能力和传输带宽、处理速度、存储容量有密切的关系。在当前的技术条件下，依靠大幅扩展设备存储容量、提升信息传播速度、增加传输带宽来提升整个互联网络的传输速度，不仅在资金方面消耗巨大，在技术方面也难以实现。在进行多方面的实践探索之后，人们发现，在通信网络速度、容量、带宽等条件难以改变的情况下，通过减少传播信息的大小，在容量上进行压缩，是较为可行的一种办法。

而新媒体压缩技术，就是将通过新媒体传输的信息进行数字编码，在空间上尽可能地减少该指定消息集合或数据样本集合的信号空间的数值，从而达到更快、更好的信息传播效果。这里所指出信号空间主要是网络通信存储的空间，这个空间可以是物流空间，如存储卡、光盘、磁盘等物理介质；也可以是时间间隔，如传输给定消息集合所需要的时间；还可以是电磁频谱波段，为传输给定消息集合所需要的带宽。

7.1.2 新媒体压缩技术的必要性和可行性

伴随着互联网新媒体技术应用的日益普及，文本、图片、视频、音频等多种形式的信息在不断增多，要存储、传输、处理的信息数据越来越多。但是这些信息往往占据了大量的内部存储空间，如果不及时进行整理和压缩，将会削减整个通信网络的运行速度，传输带宽和终端设备也会不堪重荷。这些源源不断上传和下载的信息在为我们带来畅快的信息体验和网络乐趣外，也无疑给存储器、传输带宽和网络运行速度带来了极大地压力。在这种情况下，将数据进行空间压缩，尽可能减少字符和代码所占据的存储空间，是当下最行之有效的解决办法。

总的来说，进行新媒体压缩技术的必要性主要包括以下几个方面。

（1）受当下信息传播技术和网络通信技术的限制，导致通信网络的传播速度、存储空间、传输带宽等问题难以解决，通过新媒体压缩技术是解决当前庞大信息量的最有效方法。

（2）从资金投入角度考虑，进行新媒体数据压缩可以大大降低成本。这是因为即使在网络通信技术本身的承载问题可以解决的情况下，进行数据压缩仍然是降低损耗的必要步骤。

（3）在某些情况下，由于客观条件的限制，即使不惜成本，也无法满足设计要求，进行新媒体数据压缩就成了唯一的选择。

信息论有关研究表明，一条信息需要的实际存储空间其实与其本身的信息大小有很大的差别。信息论的观点认为所有的信息总是或多或少的含有自然冗余度，这些冗余度一方面与信息本身的传递内容有关，一方面又与信息的分布情况密切相关。简单来说，人们在连续两次睁眼闭眼观察周围的世界时，人脑本身所形成的认知内容虽然不同，但是在某些地方还是有许多相似之处，相似的地方在人脑中进行存储时具有一定的重复性，这些重复的内容就是信息的冗余部分，其所占据的脑容量就是冗余度。站在信息论的角度分析，冗余的信息其实可以进行筛选，减少重复信息，就可以达到减少冗余度、增强存储量的效果。这种方法也为进行新媒体压缩提供了操作的可能性。

在新媒体压缩技术中，信息的冗余度主要分为五类。

（1）空间冗余。空间冗余主要针对图片信息而言，每幅图片都是由成百上万的像素组成的，在这些像素中不可避免地会出现重合的像素，这些像素在传输的时候依旧会被重构为相同的编码，占据大量传输空间，这就是空间冗余。

（2）时间冗余。时间冗余主要体现在信息的前后序列上面，多数信息与整体中的许多内容有很强的相关性，这种关系可以将其中的任何一个信息在相关信息排列组合后重构出来。音频具有十分典型的时间冗余。

（3）信息冗余。信息冗余也称编码冗余，它是指一块数据所携带的信息量少于数据本身所产生的冗余。

（4）结构冗余。结构冗余指的是信息中由于结构相似所产生的冗余，如汉字江、河、湖、海在结构组成上含有相似性，根据这种相似性，可以大大减少相同部分的存储，减少冗余度。

（5）知觉冗余。所谓知觉冗余就是指人们的视觉或者听觉分辨力不敏感时，失真处理了一些无关紧要的信息，此时对于图像和声音质量的降低人们是感觉不到的。如人的视觉对于图像边缘的急剧变化不敏感，对图像的亮度信息敏感，对颜色的分辨率较弱等。因此，如果图像经压缩或量化发生的变化（或称引入了噪声）不能被视觉所感觉，则认为图像质量是完好的或是够好的，即图像压缩并恢复后仍有满意的主观图像质量。

7.1.3 新媒体压缩技术方法

针对多媒体数据冗余类型的不同，相应地有不同的压缩方法。根据解码后的数据与原始数据是否一致进行分类，压缩方法可被分为有损压缩编码和无损压缩编码两大类。

无损压缩是指压缩后的数据经解压缩还原后，得到的数据与原始数据完全相同，是一种可逆的编码方法，其原理是统计压缩数据中的冗余部分。这种方法适合于由计算机生成的图像，它们一般具有连续的色调，但一般对数字视频和自然图像的压缩效果不理想，因为这类图像色调细腻，不具备大块的连续色调。常用的无损压缩算法有行程编码、Huffman 编码算术编码以及 LZW 编码等，无损压缩常用在原始数据的存档，如文本数据、程序以及珍贵的图片和图像等。

有损压缩是指压缩后的数据经解压缩还原后，得到的数据与原始数据不完全相同，是一种不可逆编码方法。由于图像或声音的频带宽、信息丰富，而人类视觉和听觉系统对频带中某些频率成分并不敏感，有损压缩以牺牲这部分信息为代价，换取了较高的压缩比。常用的有损压缩算法有预测编码、变换编码、插值与外推等。新一代子带编码、基于模型的压缩、分形压缩及小波变换等几乎所有高压缩的算法都采用有损压缩，这样才能达到低数据率的目标。其丢失的数据与压缩比有关，压缩比越小，丢失的数据越多，解压缩后的效果越差。

7.1.4 新媒体数据压缩标准

有专家曾经强调过："标准化是产业化的前提"。所以技术在能够广泛应用于工业生产、广泛应用于生活之前，必须有一个全世界统一的工业标准。因此，众多压缩编码技术的归宿是一个国际标准。并且，国际标准也随着时间的发展而不断发展，以适应日新月异的生产、生活的要求。实现实时处理的最关键问题是如何解决计算机系统对庞大的视频和音频信号数据的传输和存储。数据压缩的目的，就是用尽可能少的数据来表达信息，从而节省传输和存储的开销。下面介绍几种常用的压缩标准。

1986 年，CCITT 和 ISO 两个国际组织建立联合图片专家组（Joint Photographic Experts Group，JPEG），其任务是建立第一个适用于连续色调图像压缩的国际标准。JPEG 专家组一致同意以 ADCT 为基础提出一个 ISO 标准草案，这一标准草案于 1990 年 3 月通过，并被命名为 JPEG，1992 年 JPEG 正式成为国际标准，编号为 ISO/IEC 10918。JPEG 的目标是开发一种用于连续色调图像压缩的方法，它是把冗长的图像信号和其他类型的静止图像去掉，甚至可以减小到原图像的百分之一。

JPEG 标准中定义了两种不同性能的系统：基本系统和扩展系统。基本系统采用顺序工作方法，在熵编码阶段采用 Huffman 编码方法来降低冗余度，解码器只存储两个 Huffman 表。扩展系统提供增强功能，它是基本系统的扩展，使用累进方式工作，编码过程采用自适应的自述编码。

MPEG 是 Moving Picture Expert Group（运动图像专家组）的缩写，由 ISO 与 IEC 于 1988 年联合成立，任务是研制视频压缩、音频压缩及多种压缩数据流的复合和同步方面的国际标准，其终于在 1990 年 10 月提出了标准草案，并把这个标准命名为 MPEG。MPEG 共有 4 个版本，其中前两个版本 MPEG-1 和 MPEG-2 应用比较广泛，而 MPEG-4 是最近才活跃起来的，MPEG-7 则是属于未来的标准。

H.261 是由 CCITT 通过的用于音频视频服务的视频编码解码器标准（也称 Px64 标准），它使用两种类型的压缩：一帧中的有损压缩（基于 DCT）和用于帧间压缩的无损编码，并在此基础上使编码器采用带有运动估计的 DCT 和 DPCM（差分脉冲编码调制）的混合方式。这种标准与 JPEG 及 MPEG 标准有明显的相似性，但关键区别是它是为动态使用设计的，并提供完全包含的组织和高水平的交互控制。

DVI 视频图像的压缩算法的性能与 MPEG-1 相当，即图像质量可达到 VHS 的水平，压缩后的图像数据率约为 1.5MB/s。为了扩大 DVI 技术的应用，Intel 公司最近又推出了 DVI 算法的软件解码算法，称为 Indeo 技术，它能将数字视频文件压缩为$\frac{1}{5}\sim\frac{1}{10}$。

7.1.5 常见新媒体压缩技术

1. 新媒体音频压缩技术

数字化的图像（静态图像、视频图像）和声音信号的数据量是非常大的，要实时处理和传输这些庞大的数据就必须对数据信息进行编码压缩，没有好的压缩技术，多媒体技术就不能实用化。目前数字音频领域流行的音频编码技术按数据量的压缩性能可分为非压缩音频（如波形音频、MIDI 音频和 CD 音频等）和压缩音频两类。

一般来讲，根据压缩后的音频能否完全重构出原始声音可以将音频压缩技术分为无损压缩及有损压缩两大类；而按照压缩方案的不同，又可将其划分为时域压缩、变换压缩、子带压缩以及多种技术相互融合的混合压缩等。各种不同的压缩技术，其算法的复杂程度、音频质量、算法效率以及编解码延时等都有很大的不同。

音频压缩技术的发展是从无损压缩开始的，20 世纪 70 年代初，开始采用类似 PCM 的瞬时压扩技术，这种技术的编码效率较低。20 世纪 80 年代，数字信号处理技术的发展，使复杂的音频编码算法的运用成为可能，压缩比较高、算法较复杂音频编码技术的探索取得了重大成果，出现了从音质尚可到音质卓越的一系列频域编码算法。20 世纪 80 年代末至 90 年代初涌现的编码算法普遍采用了一种高效率编码技术，即利用人耳的掩蔽效应和临界频带等特性来进行子带编码和变换编码。20 世纪 90 年代至今，有损音频编码把音频数据的压缩率提高到 12:1。付出的代价是音质的下降。如果人们根据不同的应用要求把音频质量同数据压缩率进行折衷，这些方案就显得非常有用。同时，能给最终用户提供最佳的听觉体验的无损压缩技术也取得了新的突破。Meridian 无损压缩（MLP）是一种应用所有权技术的音频编解码计划，它能传送多声道环绕声，并以可能的最高的动态范围和更高的取样。

当前商用音频编码系统中，主要有 MPEG 伴音系列和杜比音像系统。MPEG 音频编码标准采用了 2 种编码算法：MUSICAM 和 ASPEC，以这两种算法为基础形成了 3 个不同层次的音频压缩算法，对应不同的应用要求并具有不同的编码复杂度。在 MPEG-1 的音频编码标准中，按复杂度规定了 3 种模式，目前广泛使用的音频压缩方案为第一种模式。杜比数码又称作杜比环绕影音，是由美国杜比实验室开发的性能卓越的数字音频编码系统，其中，AC-1 用于卫星通信和数码有线广播；AC-2 用于专业音频的传输和存储；AC-3 采用第三代 ATC 技术，被称为感觉编码系统，它将特殊的心理音响知识、人耳效应的最新研究成果与先进的数码信号处理技术很好地结合起来，形成了这种“数字多声道音频处理技术”。

2. 新媒体图像压缩技术

图像压缩技术是目前计算机应用领域的一项热门技术，在计算机网络发展的今天，图像作为一种重要的信息载体成为网络上传输最多的数据。由于图像本身的数据量较大，如何有效地保存和传输这些数据，满足实时图像传输的需求，就成为图像压缩需要解决的重要课题。

图像压缩的目的就是在尽量小的比特率下，使得图像的失真最小。衡量图像压缩效果通常有两种手段：主观评判标准和客观评判标准。主观评判标准是指人们的视觉效果；客观评判标准是指计算压缩图像的峰值信噪比。图像压缩的目的是减少需要保存或传输的数据，但这应以不破坏原有图像的信息为根本原则，否则这种压缩就是无用的。由于原始图像中的数据量的大小与其携带的信息量并不相等，可以通过去除原始图像中的没有携带信息的数据以达到压缩的目的。一般来说，图像数据中存在以下几种冗余：编码冗余、知识冗余、视觉冗余。采取一定的策略从原始信息中找出并去掉这些冗余中的一种或几种，就可以达到压缩的目的。

图像压缩方法的分类，按照不同的出发点有几种不同的分类结果，按解码后的数据与原数据是否完全一致进行分类，数据压缩方法一般划分为：可逆编码方法和不可逆编码方法。根据压缩方法的原理进行分类，可以分为以下几种。

（1）预测编码。预测编码是一种基于统计冗余的编码方法。对于空间冗余来说，由于同帧图像内相邻像元点之间的相关比较强，因而任何一像元点均可以由与它相邻的且已被编码的点来进行预测估计。对于时间冗余的预测与此类似，只是将帧内换为帧间。

（2）变换编码。变换编码也是一种针对统计冗余进行压缩的方法。所谓变换编码是将图像强矩阵或时域信号变换到系数空间频域上进行处理的法。变换编码一般采用正交变换来做。

（3）信息熵编码。信息熵编码是一种根据信息熵原理让出现频率大的信息用短码字表达，反之用长码字表示。最常见的方法如哈夫曼编码、游程编码以及算术编码。

（4）结构编码。结构编码也称为第二代编码，编码时先将图像的边界、轮廓、纹理等结构特征求出来，然后保存这些参数信息。解码是根据结构和参数信息进行合成，从而恢复出原图像。

（5）基于知识的编码。对于人脸等可用规则描述的图像，可以利用人们对于人脸的知识形成一个规库，据此将人脸的变化等用一些参数进行描述，从而用参数加上模型就可以实现人脸的图像编码和解码。

3. 新媒体视频压缩技术

自20世纪90年代以来，以计算机和软件为核心的数字化技术得到了迅猛的发展，已广泛渗透到相关领域，并掀起了一场数字革命。在多媒体方面，文字、图像、声音和视频都被进行数字化处理，而数字化的视频无疑是其中最具有战性的部分。数字化的视频具有以下优点：方便编辑、存储及特殊处理；提供更好的交互性；模拟视频仅提供有限的交互能力，如选择电视频道在录像机上进行向前快速搜索和慢速重播；提供视角选择、视频点播、相关数据浏览等；提高图像质量。

数字视频压缩一般要经过采样、预处理、帧间预测、变换、量化、熵编码、打包等几个步骤，其他视频编码器的结构也是类似的。编码器能够处理的一般是几种特定格式的数字视频。数字视频的格式参数包括亮度色度的空间采样比例、采样的帧速率、扫描方式（逐行或隔行）、颜色表示方法、量化精度等。如果视频的格式不在编码器能够处理的格式范围之内，就需要将其转换为能够处理的格式。对于MPEG-4等基于对象的编码器，首先要对原始视频进行分割，将视频的每一帧分割成若干区域；然后在图像分割的基础上进行场景分析，把意义上相关的区域连接起来，形成若干视频对象；最后分析视频对象之间的关系，形成场景描述。这一段工作的难度是最大的，因为仅仅依靠图像的物理特性是不够的，还需要先检验知识或者人工干预。在 MPEG-4 标准中，并没有对这一步采用的方法作出规定。对基于宏块的编码器，则不需要进行图像分割，直接把符合格式要求的视频序列送给下一步的帧间预测器就可以了。

7.2 新媒体存储技术

7.2.1 新媒体存储技术概述

新媒体存储技术是以网络和存储两个不同的技术发展起来的。存储使用发起方和目标方的概念来表达，在相连的设备之间形成一种主从关系，而网络则更多的是强调连接设备之间的对等关系。存储技术的重点在于高效的数据组织和存放，而网络的重点在于高效的数据传输。

新媒体存储技术就是将“存储”和“网络”结合起来，通过网络连接各存储设备，实现存储设备之间、存储设备和服务器之间的数据在网络上的高性能传输。为了充分利用资源，减少投资，存储作为构成计算机系统的主要架构之一，就不再仅仅担任附加设备的角色，逐步成为独立的系统。利用网络将此独立的系统和传统的用户设备连接，使其以高速、稳定的数据存储单元存在，用户可以方便地使用诸如浏览器这样的客户端进行访问和管理，这就是新媒体存储技术。

新媒体存储技术的分类比较多样，具体说来，①按存储介质分类，可分为磁带存储技术、磁盘存储技术和光盘存储技术；②按存储体系结构分类，可分为直连存储技术、附网存储技术、存储区域网络、IP 存储技术、基于对象的存储技术、存储集群系统、网格存储技术、虚拟存储技术等；③按存储接口技术分类，可分为光纤通道 FC 技术、分布式网络存储、SCSI、iSCSI 和 Infiniband 技术等。

网络存储技术的发展趋势主要包括各种网络存储技术融合的发展趋势、存储的虚拟化和智能化、软件角色重要性提升。

1. 各种网络存储技术融合的发展趋势

任何一项成功的信息技术，其历史趋势都是朝着功能融合、系统增强以及性价比不断提高的方向发展。光纤存储网络在速率等各方面均占优势，而且发展潜力巨大，未来肯定仍然是 SAN 的主流。互连的 SAN 代表了主流的发展方向，而由光纤构成的高速全球性网络带来的以存储为中心的计算却更有前景。DAS→NAS、SAN 孤岛→广域 SAN→未来的全球性宽带存储网络，将是网络存储发展模式的技术路线。和信息处理及信息传输技术的发展一样，未来的网络存储技术的发展趋势将朝着功能不断增强、各种技术相互融合和渗透、智能化更强、效率更高的方向发展。

2. 存储的虚拟化和智能化

（1）存储虚拟化。虚拟存储实际上并不是一种新的存储管理技术，但虚拟存储技术发展迅速，潜力很大，正逐步成为共享存储管理的主流技术。存储虚拟化将不同接口协议的物理存储设备整合成一个虚拟存储池，根据需要为主机创建并提供等效于本地逻辑设备的虚拟存储卷。通过动态地管理存储空间，虚拟存储技术避免存储空间被无效占用，从而提高了存储设备的利用率。从专业角度看，虚拟存储实际上是逻辑存储，是一种智能、有效地管理存储数据的方式；从用户角度看，虚拟存储使用户使用逻辑的存储空间，而不是使用物理存储硬件（磁盘、磁带）；从管理角度看，虚拟存储是管理存储空间，而不是管理物理存储硬件。简而言之，存储虚拟化可以使用户更方便地复制以及备份数据、管理存储资源。只有采用了存储虚拟化的技术，才能真正屏蔽具体存储设备的物理细节，为用户提供统一集中的存储管理。

（2）存储智能化。很多的新兴技术有希望改善存储的环境，提供更快的速度、更好的效率以及更高的可靠性。同时，下一代存储设备将提供更智能、更灵活的架构，可以无缝地集成新的传输协议，以获得最大限度的灵活性。下一代存储设备将会支持更多的协议，如 FC、千兆以太网、iFCP 协议等。目前仍处于连通设备地位的存储导向器和交换机，必然会演化为多协议、智能化的存储管理平台，实现真正的网络存储。

3. 软件的角色越来越重要

随着硬件技术突飞猛进地发展，存储市场有了新的活力。经过半个世纪的发展后，存储将朝着越来越“软”的方向发展，硬件平台之上的管理会变得越来越重要。存储软件将可帮助企业有效地节省 IT 管理人员的时间，实现存储管理的自动化，从而确保企业关键信息的可用性、可访问性和可靠性。存储虚拟化、存储资源管理、数据迁移和灾难恢复等存储应用的实现，都离不开存储管理软件。高效率、自动化、易维护、易管理的存储软件，实时备份、异地容灾等高效存储解决方案，使庞大存储系统的管理更加自动化，同时也提高了存储设备的利用率。随着存储管理软件的重要性不断增加，存储管理软件的标准化问题也已提到了议事日程上来。

未来的世界是网络存储世界，存储作为服务器非常重要的一方面，无论在硬件还是软件方面都已经从主机系统中脱离出来，成为完全独立的系统。而作为未来存储方向的网络存储，更因为其低成本、高可靠性和高智能化，将越来越被用户所重视。随着网络存储技术的发展，各种网络存储技术在功能上将会相互融合，各种网络存储设备的互联性也会得到极大的改善。由于 iSCSI 标准的不断发展和完善，使用 iSCSI 互连技术的 IP 网络存储必将成为今后网络存储技术的主要发展方向。随着以太网技术的快速发展，基于 IP 协议的网络存储将会有更大的发展空间。此外，硬件介质的选取，软件管理方式的不同，都决定着网络存储技术的不同发展方向。

7.2.2 磁盘阵列存储技术

磁盘阵列简称 RAID 技术，是一种在多个磁盘机或光盘机上按一定的规则分散信息的方法，它使用磁盘分条、磁盘镜像和带有奇偶校验的磁盘分条之类的技术组成一个快速、超大容量的外存储器子系统，来达到冗余性，降低潜伏时间，增加磁盘读写的带宽，提高从硬盘崩溃中恢复的能力。磁盘阵列在阵列控制器的控制和管理下，实现快速、并行或交叉存取，并有较强的容错能力。从用户观点看，磁盘阵列组成的磁盘组就像是一个硬盘，用户可以对磁盘阵列进行与单个硬盘一样的操作，如分区、格式化等，不同的是磁盘阵列的存储速度要比单个硬盘快很多，而且可以提供自动数据备份，因此这一技术广泛为多媒体系统所欢迎。

随着中央处理器（CPU）的处理速度飞速增长，内存的存取速度也随之大幅增加，而数据储存器磁盘的存取速度相对发展较为缓慢，从而造成整个存储设备的运行速度不能和其他硬件系统相匹配，形成计算机系统数据传输速度的瓶颈，降低了计算机系统的整体性能，如果不能有效地提高磁盘的存取速度，CPU、内存及磁盘间的不平衡将使 CPU 及内存的改进形成浪费。因此，有效地利用磁盘空间，增加磁盘的存取速度，同时要防止因磁盘的故障而造成数据丢失，成为电脑专业人员和用户的迫切需要。磁盘阵列技术的产生解决了增加存取速度，保证数据安全性，有效地利用磁盘空间，平衡 CPU、内存及磁盘的性能差异，提高电脑的整体工作性能的问题。

磁盘阵列的主要特性包括两点，分别是备份和坏扇区转移功能。

（1）备份。为了加强容错的功能以及使系统在磁盘故障的情况下能迅速地重建数据，以维持系统的性能，一般的磁盘阵列系统都可使用热备份的功能。所谓热备份是在建立磁盘阵列系统的时候，将其中一磁盘指定为后备磁盘，此磁盘在平常并不操作，但若阵列中某一磁盘发生故障时，磁盘阵列即以后备磁盘取代故障磁盘，并自动将故障磁盘的数据重建在后备磁盘之上，因为反应快速，加上快取内存减少了磁盘的存取，所以数据重建很快即可完成，对系统的性能影响不大。对于要求不停机的大型数据处理中心或控制中心而言，热备份更是一项重要的功能，因为可避免晚间或无人守护发生磁盘故障后所引起的种种不便。

（2）坏扇区转移。坏扇区是磁盘故障的主要原因，通常磁盘在读写时发生坏扇区的情况即表示此磁盘故障，不能再作读写，甚至有很多系统会因为不能完成读写的动作而死机，但若因为某一扇区的损坏而使工作不能完成或要更换磁盘，则使得系统性能大打折扣，而系统的维护成本也未免太高了，坏扇区转移是当磁盘阵列系统发现磁盘有坏扇区时，以另一空白且无故障的扇区取代该扇区，以延长磁盘的使用寿命，减少坏磁盘的发生率以及系统的维护成本。所以坏扇区转移功能使磁盘阵列具有更好的容错性，同时使整个系统有最好的成本效益比。

目前改进磁盘存取速度的主要方式主要包括下面 2 种形式。

（1）磁盘快取控制。磁盘快取控制将从磁盘读取的数据存在快取内存中以减少磁盘存取的次数，数据的读写都在快取内存中进行，大幅增加存取的速度，如要读取的数据不在快取内存中，或要将数据写到磁盘时，才进行磁盘的存取动作。这种方式在单工期环境下，对大量数据的存取有很好的性能，但在多工环境之下或数据库的存取就不能显示其性能。这种方式没有任何安全保障。

（2）磁盘阵列的技术。磁盘阵列是把多个磁盘组成一个阵列，当作单一磁盘使用，它将数据以分段的方式储存在不同的磁盘中，存取数据时，阵列中的相关磁盘一起动作，大幅减低数据的存取时间，同时有更佳的空间利用率。一般高性能的磁盘阵列都是以硬件的形式来达成，进一步地把磁盘快取控制及磁盘阵列结合在一个控制器或控制卡上，针对不同的用户解决人们对磁盘输出/入系统的四大要求：①增加存取速度；②容错即安全性；③有效地利用磁盘空间；④尽量地平衡 CPU、内存及磁盘的性能差异，提高整体工作性能。

7.2.3 光盘存储技术

人类文明的任何传承都是信息存储下来的结果，如果不能存储下来，信息就只能是传说。人类文化的各种存储手段，从甲骨、竹简、纸张一直到录音带、磁盘、光盘、蓝光光盘，都是人类文明记录和延续的媒介。今天的信息产业，核心仍然是存储，离开存储，信息产业将无法存在；离开存储，所有的信息技术概念，包括电脑、打印机、因特网、物联网、数字对象、远程通信、三网融合等将失去生存的基础。在目前的技术范畴内，数据存储的方式主要有三种：硬盘存储、半导体存储、光盘存储。在相当长的时间内，它们都会三分天下，谁也无法替代谁。在三种存储方式中，最适于进行大量数据分配（发行）和永久备份的，就是光盘，这是因为：①硬盘的记录原理为磁记录方式，磁记录的特点是记录内容可擦写、受到热磁冲击时记录内容会消失；②半导体存储的特点是记录内容易于擦写，受到强电场冲击时记录内容会消失；③光盘的记录原理为物理记录方式，其中只读光盘的内容不可擦写、一次可刻录光盘的内容在第一次写入后就不能被擦写、可擦写光盘的内容可以反复擦写。

从数据永久备份的角度考虑，每天有大量的国家信息、银行信息、医院信息、档案信息、科研信息、交易信息等数据需要备份、存档，所备份和存档数据的唯一性要求一旦被写入就不可能被更改，这一要求只有一次可刻录光盘能够满足；从数据分配（发行）的角度考虑，电影、电视节目等内容一旦进行分配（发行）就只能是唯一的，这一要求只有只读光盘能够满足。

市场分析表明，光盘的全球市场在不断扩大，光盘仍然是市场上最常见、老百姓都会用的存储方式。

光存储技术的特点是，内容记录在光盘上，光盘上的内容一定要通过读出设备才能读出来；对于刻录光盘，内容一定要通过刻录设备才能刻录进去。离开读出设备和刻录设备，光盘就只是一张塑料片。光盘读出设备只有在读光盘时才有意义，刻录设备也只有在刻录光盘时才有意义，像激光头那样的关键件更是只有安装在读出设备和刻录设备上才有它存在的价值。因此，光存储产业的建立，需要光盘技术、关键件技术、整机设备技术的密切合作与协同，离开任何一项，其他两项都失去技术方向和技术落脚点。

蓝光光盘简称为 BD，是 DVD 之后的下一代光盘格式之一，它可以储存高品质的影音和大容量的资料。蓝光光盘采用的是高清格式，而传统 DVD 采用的是标清格式，高清影像可包含高于标清影像 6 倍的图像资料。蓝光光盘采用高分辨率的蓝色激光，所以叫作“蓝光”。在影音画质和高级互动功能方面，蓝光光盘代表了一种超越 DVD 格式的革命性进步。高清内容的媒体存储需要非常大的存储空间，普通 DVD 的存储量只有 5GB，如果用来录制高清电影，大概只能容纳 50 分钟的内容；而蓝光光盘的存储空间相当于 5 张 DVD 的容量，任何高清数字内容、娱乐内容，包括电影、音乐和游戏都可以轻松地存储在蓝光光盘中。

在第一代的 CD 光盘出现以后，录音带迅速地被 CD 光盘取代。1996 年出现了第二代光存储的 DVD 光盘，与第一代的 CD 光盘相比，在单层光盘容量上，也由 640MB 提高到 4.7GB，记录密度提高了 7.3 倍。2005 年出现了第三代光存储的蓝光光盘，其中最具代表性的有以索尼和松下为代表的 BD 蓝光光盘技术、以东芝为代表的 HD 蓝光光盘技术。国外的一些大公司，在 2000 年以前，就开始了第四代和第五代光存储技术的研究，这第四代和第五代光存储技术有多种方案，第四代光存储技术的代表是超分辨光盘技术、多维光盘技术、低容量全息光盘技术；第五代光存储技术的代表是高容量全息光盘技术，目前已经取得了技术上的突破。

7.2.4 云存储技术

随着智能手机、笔记本、平板电脑、个人 PC、智能相机和网络电视等 IT 设备的日益普及，如何对其中的重要数据进行妥善保存和备份，是当今许多部门或个人所必须面临的一个重要而现实的问题。传统的数据备份办法存在着病毒威胁、硬件损坏、存储设备不稳定等诸多弊病和限制，更不能满足客户随时随地利用无线上网等方式传输数据的要求。云存储技术为迎合绝大多数客户“安全、稳定、便捷”的第三方存储需求应运而生，无论何时何地，只要能够把设备连接上网，不管是有线的，还是无线的，都可以把重要的数据复制备份到仿若飘忽在你头顶的“云”里，这就是我们所说的“云存储”。

承担着最底层以服务形式收集、存储和处理数据任务的“云存储”是“云计算”的一大重要组成部分，各大 IT 企业、手机制造商、移动运行营商和操作系统开发商都争相在此基础上展开上层的云平台、云服务等业务。目前的云存储模式主要有两种：一种是文件的大容量分享，有些甚至号称无限容量，用户可以把数据文件保存在云存储空间里；另一种是云同步存储模式，如 dropbox、skydrive、谷歌的 GDrive，还有苹果的 iCloud 等 SSP 提供的云同步存储业务。

“云存储”作为一个备受热捧的新兴市场，在短短的几年时间里便在国内遍地开花。在我们身边能够看得到、用得着的“云”就有百度网盘、彩云网盘、咕咕网盘、金山快盘等，还有众多品牌的智能手机或网络电视机上的云存储，如华为网盘。除了国内云存储业务迅猛发展的态势外，更令人意想不到的是国内用户的热情。2012—2016 年，中国网络存储市场研究及未来发展趋势报告显示：到 2013 年第一季度为止，国内某大型网盘的注册用户已突破三百万，其他几大网盘注册用户数也不相上下。但是这些数字与现今的国内网民相比仍存在着巨大的差距。

国内云产业尚处于起步阶段，市场的发展还不够成熟，面临的挑战还很多。

1. 存储空间的忧虑

目前，绝大部分企业或部门还不是很情愿地把单位的重要数据保存到“云”里去，究其原因还是对数据安全性的忧虑，而个人用户同样担心的是其隐私数据的泄露。可以说，安全问题是对云存储服务的最大挑战，这一问题直接关系到云存储市场的生死存亡。从客户的角度分析，既然把重要数据交给第三方托管，自然希望 SSP 能够确保数据不被篡改、不丢失、不被非法访问或任意窃取，而且上传和下载的速度不能太慢，最好能够提供实时高带宽的传输服务，这就给运营商们出了一道市场考题。

2. 网络带宽的瓶颈

当人们保存、备份重要数据的时候，都不希望速度太慢，也就是上传下载的速度要快，而且服务器要能及时接纳大量的数据流。这就给网速的分配、网络设备的性能和管理机制带来了极大挑战。毕竟作为云存储的客户，谁愿意为了备份一段录像而等待几十分钟的时间呢。国内网络带宽的现状极大地限制了用户对云存储的热情。

3. 创作平台的限制

各大云存储服务供应商都试图打造自己的垂直整合技术，但我们也注意到：随之而来的内容存储很难、甚至无法突破创作平台的限制。因此，各自为战的科技公司必然会带来一种断裂和碎片化的生态系统。

4. 盈利魔咒

导致云存储行业竞争混乱的最根本因素是对盈利模式的迷茫。云存储是一个很大的市场，也是很有潜力的市场，为了吸引更多的用户，云存储服务商必须提供更多的免费存储空间。但随着存储空间的增大，付费升级的用户就会减少。一些无其他收入来源的小型服务商势必将无法承担如此大的投入，他们不得不寻找其他的营收来源。作为企业，它的最终目标就是盈利赚钱，而客户则希望获得更多、更好、更低廉，甚至免费的服务。目前，企业只有采用增加广告来进行盈利，至于其他的增值服务，目前也是处于开拓阶段，暂时还找不到更好的出路。

5. 云存储技术的不确定性对市场的影响

海啸、地震等自然灾害或战争等人为因素会给云存储的发展带来众多不确定的因素，而在国内虽然不必过多担心战争等人为因素，但各方面的审核和对一些敏感内容的屏蔽等因素，也增加了云存储的时间成本和不确定性。

云存储是存储模式发展的必然趋势，云存储服务是一个巨大的、极富潜力的产业，只有随着网速、安全等相关技术的不断创新和普及，相关政策法规的不断完善，“云”技术才能够给商家和消费者带来高科技的福音。

7.3 新媒体存储案例——云上贵州“媒体云”项目建设实践与思考

2014 年底，贵州建成全国第一个省级政府数据集聚共享的统一云计算平台——“云上贵州”，贵州日报报业集团云上贵州“媒体云”系统平台也在其中。“媒体云”项目就是要整合贵州省媒体资源，提高媒体资源的利用率和媒体产品的生产效率，通过媒体大数据，建立信息桥梁，让媒体大数据成为贵州日报报业集团新的经济增长点。

7.3.1 云上贵州“媒体云”项目

2014 年 12 月，贵州日报报业集团与贵州省经济和信息化委员会签署云上贵州“媒体云”战略合作框架协议，2015 年 3 月云上贵州“媒体云”项目由北京拓尔思信息技术股份有限公司中标进行总体设计，如今，“媒体云”项目列入贵州省云上贵州大数据云运用示范工程，是全省三个被列入 2015 年度国家新闻出版改革发展项目库入库项目之一。

1. 项目建设目标

媒体大数据已成为全社会大数据的重要组成部分，能够与各类型数据转换、关联。如今，数据成为有价值的公司资产、重要的经济投入和新型商业模式的基石。云上贵州“媒体云”项目建设目标就是要整合贵州日报报业集团和贵州省内其他媒体资源，通过技术、数据和平台服务的组合，建立贵州省媒体数据中心，利用云应用系统和媒体云大数据中心平台，导入视频、广播、报纸、传统媒体、网络媒体、社会化媒体等数字化媒体数据，打通不同的媒体介质，促成线上与线下、传统媒体与新兴媒体的融合，形成覆盖全省的立体化传播网络。

2. 开拓广阔的传媒“黔”景

依托“媒体云”项目基础平台及数据资源，推进历史报纸数字化资源的开发和舆情监测信息服务等众多子项目建设，打破贵州省内媒体资源的信息“壁垒”，形成全方位、立体化的新闻服务、舆情服务、广告服务、电商服务等体系，链接读者、用户、内容生产者、广告主、商家等多边市场。贵州省各级媒体，借助云上贵州“媒体云”系统平台，寻求新突破，开发社会化、市场化的媒体融合产业，形成新的信息流、服务流，实现媒体数据资源价值最大化，推动报业集团转型升级，提升党报传播力。

3. 项目建设成果

“媒体云”打造的全媒体矩阵龙头“今贵州”新闻客户端于 2015 年 11 月上线，包括 30 多个官微、官博和集团全媒体矩阵，“今贵州”新闻客户端是贵州立体网络阵地“五个一”工程的重点项目之一，通过独家策划、深度剖析、深入访谈，展示贵州好形象、讲述贵州好故事、传播贵州好声音，实现一体策划、一次采集、多元传播、滚动发布，不断提升新型主流媒体的核心竞争力。

4. 推动媒体融合发展

“媒体云”项目建设是推动传统媒体和新媒体融合发展、促进传统媒体转型升级的重要举措，贵州日报报业集团旗下 7 报 3 刊 7 网站，拥有众多读者和用户。通过“媒体云”对信息进行层级开发，考虑不同媒体间的差异化选择，使信息得到多角度、全方位的呈现并跨界传播。在“十三五”期间，集团推动传统媒体和新兴媒体在内容、渠道、平台、经营、管理等方面深度融合，努力打造形态多样、手段先进、具有较强传播力和竞争力的新型主流媒体。

7.3.2 云上贵州“媒体云”项目建设实践

1. 发挥内容优势建设全省媒体数据中心

贵州日报拥有多年的历史报纸资源，还有各种类型数据库，为媒体信息资源融入贵州大数据、服务公共社会、大数据营销提供了基础。贵州日报报业集团最核心的资源是知识资产，这其中既包括品牌，也包括长期积累的数据库资源。核心资源是商业模式有效运转的重要因素，知识资产的开发门槛虽高，但成功建立后能为组织带来巨大价值。媒体数据具有数量多、权威性、准确性等特点，能够提供高质量的海量数据供用户直接利用，具有重要的地方文献和历史研究价值。建设贵州省媒体数据中心，依托贵州日报报业集团，开展品牌营销，把品牌价值转化为收入和利润，通过云上贵州“媒体云”系统平台，提供新闻信息资源数据库等服务，为相关产品开拓市场提供了可能，为各行各业的数据交换、生产协作等提供服务。

2. 开发和利用历史报纸数字化信息产品

在大数据时代，通过互联网与数据提供商、虚拟图书馆结合的方式获取信息，已经成为一种新的商业模式，数据服务、信息服务的商业化，必将导致情报商品化时代的到来。媒体大数据有重复使用的价值，检索起来快捷方便，贵州日报报业集团把历史报纸数据进行多层次的提炼、整合、分类，形成了各具特色的专题数据库，有效服务于全省不同行业。可按用户需求制作成专题数据库光盘，还可以图书形式出版，实现历史报纸数据价值最大化，实现媒体大数据共享，最大限度地满足社会需求，扩大媒体大数据的有效应用和增值服务。数字化信息的具体产品有：全文数据库、贵州省市县地区专题数据库、历届贵州省人大政协资料数据库、历届中国共产党贵州省代表大会数据库、贵州省情数据库、行业信息数据库、广告信息数据库等。

3. 开展网络舆情监测信息服务

集团互联网舆情监测中心利用大数据对网络舆情进行收集、分析与研判，围绕网络媒体对贵州省的报道来搜集热点舆情事件、重大事件及报道评论，通过门户网站、论坛、社区、微博、微信等平台，进行分类监测与研究，积极开展网络舆情信息服务，提供网络舆情监测分析、热点舆情事件应对、网络舆情危机公关等方面的咨询服务。信息产品有网络舆情分析、舆情专报、舆情日报、舆情快报、舆情周报、专题分析报告等，已为贵州省委办公厅、省委宣传部、省食品药品监督管理局等地方政府及相关部门提供舆情信息服务，得到客户高度赞扬，获得了良好的社会效益和经济效益。

4. 加强交流合作实现双赢

贵州日报报业集团加强与省内外高校、科研院所合作，实现优势互补、资源共享。2015年12月，集团同全国首个大数据交易所贵阳大数据交易所签订大数据产业发展合作协议。贵阳大数据交易所为媒体大数据与各行各业融合及相关产品的市场化提供了有效渠道，可以充分挖掘媒体大数据的价值，促进媒体大数据的市场化、有价化，满足各类市场主体对媒体大数据的应用需求。贵州日报依托于媒体大数据，可以为各级政府、社会提供最优质、精准的数据分析服务。

7.3.3 云上贵州“媒体云”建设的思考

在大数据时代，无论是数据服务、数据分析，还是数据管理，都将发生深刻改变，变得更加适应大数据。媒体要结合实际工作，创新服务方式、信息产品、服务理念，增强服务功能，使媒体大数据在研究、学习、生活中得到更广泛的应用。

1. 创新服务方式

重视用户行为信息资源，深度挖掘、有机组织，将用户行为数据与文献资源、目标资源以及其他相关资源密切关联起来，使其成为知识服务的高效资源。针对用户特定需求，及时提供个性化、差异化、精准化服务，服务方式从单一走向多元，提供网络远程服务和虚拟服务，实现网上预约、全文信息传输服务等，使个性化服务跨越时间和空间。

2. 创新信息产品

对媒体大数据进行收集、整理、分析、归类，除文献、数据库外，还应有分析产品、智库产品，如知识库、推理库、战略库等，提供舆情监测、新闻监测、广告监测等，还可以开发服务咨询、行业咨询、专业研究等服务项目，充分运用大数据，创新信息产品，提升服务水平。

3. 创新服务理念

要做好信息服务，关键是要转变思维方式。信息服务的最终目的是最大限度地满足用户需求，以数字化、网络化为基本发展策略，以用户至上为基本服务理念，真正实现用户在哪里，服务就在哪里。树立一切为了用户的理念，通过多种方式提供全方位的服务，提高信息的时效性，提升服务质量。

“云上贵州”是国内首个省级政府数据平台，贵州省“国土资源云”是“云上贵州”应用示范工程，是全国第一朵省级“国土资源云”。“深入推进政府数据聚通用”被写入2017年贵州省政府工作报告，上行下效的“云思维”已达成共识。遵义市国土资源信息化经过15年的沉淀和积累，省级集中的国土资源平台、网络、数据和运维体系基本成熟。随着“政务云”应用向市县延伸，如何实现横向信息资源整合，成为市县国土资源信息化面临的新课题和新任务。目前，贵州省“国土资源云”与“云上贵州”平台已经实现互联互通，遵义市局深化两个平台的应用，效果良好、性价比高。本文结合市县已有的网络资源、应用系统、运维体系等现状和面临问题，剖析市县国土资源信息整合的发展，供论证探讨。

7.3.4 遵义市县国土资源电子政务的信息资源现状

遵义市国土资源信息化从无纸化办公到一张图综合监管，从“以数管地”到“以图管地”，从平面表达到三维立体，从机房建设到“云服务”实践，每一个进程都充满惊喜。2016年，省级集中的不动产登记信息管理基础平台的全覆盖，为市县国土资源信息化打开了新的“窗口”和工作模式。贵州省“国土资源云”将市县国土资源信息化带入“快车道”，机房维护、数据安全和运维保障等工作“上移”，极少的云服务费用，让其他部门羡慕不已，市县国土资源信息化尝到了云服务带来的“甜头”。但是，随着信息资源不断累积，“信息孤岛”现象堪忧。

1. 平台资源

贵州省国土资源电子政务网是基于国土资源专网的省级“国土资源云”，数据环境搭建在ArcGIS和Skyline平台上，一张图综合监管平台涵盖了日常办公、业务审批、电子信访、地灾直报执法监察、不动产登记等国土资源业务，平台维护、数据安全、运维更新体系日趋成熟和稳定。但是，通过调研“非”省级集中的平台、数据、网络和运维等信息资源，发现每个科室都有来自同级政府和部门“独立”的信息平台，一个事务一个平台。由于研发单位、数据采集和平台架构各不相同、各自为政、自成体系、很难兼容，形成了信息壁垒。

2. 网络资源

除了基于互联网的系统平台，各个平台都称自己为专网，必须与互联网物理隔离。由于网络资源、平台架构以及运营服务各不相同，电信、广电、联通等运营商通过“独立”平台提供各类政务管理的网络服务，基本架构分别隶属于互联网、贵州省电子政务内网、贵州省电子政务外网和各类业务专网。以国土资源专网为例，网络资源为省级统一IP规划，带宽为省到市40MB/s，市到县10MB/s，县到乡镇通过无线4G规划布局网络。但是，由于政府其他部门的网络规划没有统筹，IP冲突、端口冲突、重复建设等情况时有发生，导致网络资源没有形成合力。

3. 数据资源

由于平台架构和采集需求不同，导致数据的格式、属性、坐标系等标准不一，对应数据库管理软件也不相同。数据呈现出多源、异构、多时态等特点，使数据采集不完整、更新不及时、数据不同步。从而数据“断篇”、数据“打架”时有发生，导致数据的唯一性、权威性和现势性大打折扣。

4. 管理资源

由于数据来源繁杂、平台各自为战、网络架构自成一体，使运维保障参差不齐、管理考核标准不一；加之，数据利用率低、大数据挖掘尚未形成、培训体系不健全、国土资源大数据的“底盘”作用没有显现，弱化了“国土资源云”的聚合、集约效应。

7.3.5 市县国土资源信息整合面临的问题

贵州省政府提出“聚通用”，聚是汇聚，是数据的集中汇交；通是联通，是网络的互联互通；用是应用，实质是信息资源的共享。实践来看，市县国土资源信息整合的“难点”将长期纠缠在横向信息资源整合方面。

1. 非技术问题

一方面，贵州省政府出台配套政策强力推进“云上贵州”平台应用。以行政审批服务系统为例，依托互联网和电子政务外网，贵州省政府构建了贵州省网上办事大厅，以“进一张网，办全省事” 为服务目标。市县国土资源部门按要求入驻政务服务中心“窗口”，“窗口首席代表”完成行政审批业务的网上流转。为保证行政审批要件的合法、完整，同时，还要符合集中审批信息录入要求，市县国土资源部门“变通”采取了两套网络、两个平台进行网上行政审批，即利用一张图综合监管平台进行图层叠加和业务审核，再将审核结果二次录入“窗口”行政审批服务系统。类似的重复工作，在政务公开信息维护上也同样存在，一条信息多系统、多平台地二次，甚至多次录入，造成社会资源浪费。另一方面，尽管省、市政府严令限时提供各类空间地理信息等政务数据，但是，横向信息资源的利益补偿和协同机制尚未建立，部门“和盘托出”数据的动力不足，“多一事不如少一事”的消极思想严重，使横向信息资源整合成为“海市蜃楼”。

2. 技术问题

理论上讲，信息资源整合的技术本身已经不是问题。云计算技术在国土资源领域的深入应用，使得纵向信息资源整合效果明显，数据规范统一，运维管控保障有力，纵向信息资源整合已经积累了丰富的经验。但是，横向网络的联通将导致任一节点都存在泄密风险。由于数据采集清洗、开放目录和共享范围等亟待规范完善，国土资源大数据的高程、地理空间矢量数据、影像资料等信息资源大多涉密，市县国土资源信息整合面临很多的“困惑”，有时候甚至“两头为难”。显然，大数据时代的到来，让市县国土资源信息化有些“猝不及防”。实践来看，横向信息资源整合技术方面的“堵点”主要在于数据标准统一完善、信息集成运维和数据安全防范等方面。

7.3.6 遵义市县国土资源信息整合实践

信息资源整合的目标是促进国土资源决策科学化、监管精准化和服务便利化，实质是实现信息资源利用的最大化。遵义市局秉承应用促发展的理念，在纵向信息资源整合基础上，积极推动横向信息资源整合，让“国土资源云”向“政务云”平台靠拢。实践中，就如何处理“国土资源云”与“政务云”的关系；网络和平台如何打通、谁来打通；信息安全、运维体系和长效机制如何建立；历史数据迁移和统一认证体系等问题进行多方求证。具体的技术实现分为两点。一是协调贵州省国土资源技术信息中心对服务器逻辑隔离出外联区和业务专网区，在两个区域间部署网闸，对交互数据进行安全过滤，保证业务专网区的数据安全。另外，在外联区部署路由器和防火墙，实现贵州省电子政务外网的接入，通过网闸、路由器、防火墙等硬件搭建，实现贵州省电子政务网与贵州省国土资源电子政务网的网络物理互联。二是协调“云上贵州”平台运维开放数据接口，将遵义市基于贵州省国土资源电子政务网的人员、权限、业务审批等数据推送到贵州省电子政务网，同步两个平台的机构、人员、权限、流程等配置，使之能够单点登录、一次校验、平台“跳转”，实现数据实时互通的横向信息资源共享。

实践证明，平台之间的信息资源整合，使各领域各行业的信息互动具有很大的应用前景和拓展空间。市县国土资源信息整合大有作为，如城市控规详规与土地利用总规的图层叠加分析；不动产登记的房地关联和落地挂宗；国土、水利、环保、林业等部门空间数据的“多规合一”；国土与扶贫数据深度融合的国土资源精准扶贫作战管理；生态空间资源的监测监管等等。政务协同的关键在于横向信息资源的整合，网络架构、坐标系、底图和数据标准等基础属性必须基于一张网、一张图和一个云平台，只有多部门、多行业、多平台的空间地理信息数据汇聚“政务云”，国土资源大数据才能从“单打独斗”走向“集团作战”，实现多方共赢。

7.3.7 遵义市县国土资源信息整合的初步构想

信息资源整合是一项复杂的系统工程，只能先易后难、循序渐进。信息资源整合要打通信息壁垒，防止用新围墙“代替”旧围墙，要树立“不求所有、但求所用”的云理念，风物长宜放眼量。利用现代测绘地理信息技术等手段，依托一张图、变更调查和高分辨卫星影像等空间大数据，比照不动产登记“反弹琵琶”建设平台的模式，将省级层面统筹横向信息整合，或许是市县国土资源信息整合的出路。

1. 网络互通向省级集中

根据国务院和国土资源部“十三五”信息化规划要求，用好网络资源。一是非涉密政务网（电子政务外网），打通贵州省国土资源专网与贵州省电子政务外网，整体规划布局，使其既能满足网络的互联通，又能保障信息资源安全。利用贵州省电子政务外网构建数据统一的共享交换平台，将有条件开放的国土资源业务数据和系统共享于非涉密政务网，向业务协同部门提供有偿云服务，实现多平台、多图层叠加的信息协同。二是涉密政务网（电子政务内网），在保证涉密数据安全的前提下，通过电子公章和密匙认证的贵州省电子政务内网，将脱敏处理后的基础地理信息数据、空间位置、地图瓦片和遥感影像等资源共享，提供云服务，优化整合应急平台资源，以期实现科学决策的应急指挥平台整合。三是互联网，结合“互联网+国土资源政务”，引导社会资源参与国土资源大数据应用和数据增值服务，通过贵州省政府门户网站向社会公开脱敏处理后的公众地理信息数据，供公众查询、数据统计和二次开发，促进国土资源信息服务产业链的健康发展。

2. 平台打造向省级集中

按照政府主导、统一搭建、集中存储、分级使用、费用共担的原则，由贵州省大数据发展局牵头实现“云上贵州”平台的纲举目张，“纲”就是政府牵头、集中存储、数据实时更新；“目”就是市县政府部门分级使用、费用共担、上下呼应。在互联互通网络上实现各类信息资源迁移“政务云”，通过统一认证并全程记录，“订单式”访问平台信息资源，实现政务管理的共享协同。简而言之，就是规划、水利、交通、林业等部门的“独立”信息平台作为子系统，由省级统筹接入贵州省电子政务外网，实现平台统一，政务管理部门依照约定和权限配发“钥匙”进入对应子系统，让各类信息资源“不求所有、但求所用”。当然，配发“钥匙”需要付费，其实质就是购买云服务，给予数据资源“拥有者”适当的利益补偿，促进大数据交易，为数据实时更新提供原动力，调动“独立”平台主动融合的积极性，进而实现信息资源共享可持续。

3. 数据汇交向省级集中

政府部门要健全国土资源数据管理共享的条例法规，动态编制共享目录清单，实现国土资源数据实时同步更新，主动对接“云上贵州”平台，构建国土资源系统内与政府部门间的数据共享与交换体系，将已有的一张图综合监管数据、地理国情普查成果和高分辨卫星影像等空间信息资源进行整合，利用卫星遥感、实景三维等现代测绘地理信息技术手段，对自然资源和国土生态空间等海量数据进行统一、动态的监测与监管，建立国土空间基础信息平台，探索空间地理信息可视化成果的研究和应用。实践证明，市县国土资源数据向省级集中，能够最大限度地保障数据安全，能够“触碰”最新的科技前沿，能够让数据更新具有生命力，更能够大幅降低成本，减轻基层负担。反之，由市县国土资源部门集中管控核心数据，则弊大于利。

数据开放是国土资源政务管理创新的前提。市县国土资源信息化理应顺势而为，向“云”靠拢，不求所有、但求所用。当然，信息资源整合之路任重道远，让数据“活”起来，道阻且长。可以预见，云服务是消除“信息孤岛”的必由之路。横向信息资源整合的条件基本成熟，上行下效、推而广之，很多难点、痛点、堵点将迎刃而解。遵义市国土资源信息化只有主动拥抱“云上贵州”，提升“互联网+国土资源政务”的效率，才能跟上大数据时代的节拍，毕竟，“国土资源云”融入“政务云”已经在路上，势不可挡。

本章小结

本章主要介绍新媒体存储技术的基本概念和相关知识，主要分为三个部分，第一部分涉及新媒体压缩技术的相关知识，涉及什么是压缩技术，压缩技术发展阶段、压缩技术实现的可能性和原理、新媒体压缩技术的标准等；第二部分就新媒体存储技术的磁盘阵列、光盘、云存储、大数据等新媒体存储知识进行主要介绍；第三部分则是在总结前面章节的基础上，结合楼宇电视、高清电视节目、在线直播等具有代表性的案例，对新媒体存储技术进行详细的解读。

思考题

1．什么是新媒体压缩技术？
2．新媒体压缩技术的必要性和可行性有哪些？
3．新媒体存储技术有哪些？请分类描述。

8

新媒体传输技术

互联网技术从 20 世纪 80 年代末期进入中国开始，历经数十年的发展，发生了巨大的变化。用户彻底摆脱了终端设备的约束，实现了完整的个人移动性、可靠的传输手段和接续方式。随着社会变化，用户对多媒体信息的需求量越来越大，对传输速率的要求也越来越高。为满足需要，一大批新的传输技术涌现出来。

8.1　流媒体技术

流媒体是指采用流式传输的方式在 Internet 播放的媒体格式。流媒体又叫流式媒体，它是指商家用一个视频传送服务器把节目当成数据包发出，传送到网络上，用户通过解压设备对这些数据进行解压后，节目就会像发送前那样显示出来。

流媒体的出现极大地方便了人们的工作和生活。在地球的另一端，某大学的课堂上，某个教授正在兴致盎然地传授一门你喜欢的课程，想听？太远！放弃？可惜！没关系，网络时代能满足你的愿望。在网络上找到该在线课程，虽然课程很长，但没关系，只用点击播放，教授的身影很快就出现在屏幕上，课程一边播放一边下载，虽然远在天涯，却如亲临现场。除了远程教育，流媒体在视频点播、网络电台、网络视频等方面也有着广泛的应用。

1．流媒体的特点

Internet/Intranet 上使用较多的流媒体技术主要有 Real Networks 公司的 RealSystem、Microsoft 公司的 Windows Media Technology 和 Apple 公司的 QuickTime，它们是当今流媒体传输系统的主流技术，流媒体技术已经广泛地应用于远程教育、远程医疗、网络电台、视频点播、收费播放、娱乐、电子商务、视频会议、客户支持等。在国内，流媒体技术在国外成熟技术的基础上逐步扩大应用，诸如网上现场直播、网上教育系统、网上手术数字化直播系统等，它们的体系结构是类似的。

流媒体的出现实现了从简单的文字和图片传输到音频和视频传输的过渡，这是传播科技的一次革新。

流媒体传播继承了传统广电传播多维、生动、具象的特点，使得以文字、图片为主体的网络新闻一改往日单维、静止、抽象的形象，推动了诸多媒体相互叠加并且高度融合的多维传播时代的到来，大大增加了传统新闻报道的深度和广度。

流媒体颠覆了传统广电的线性传播模式，实现了单向传播向双向互动传播的过渡，这样不仅可以避免线性传播模式下节目内容选择性和保存性差的劣势，而且网络受众在接收流媒体信息的同时，还可以与传播方进行及时的沟通交流或者任意调看相关的资料信息。流媒体的这种“推拉结合”模式既保障快速供给，又能及时地对信息进行梳理、分类，大大方便了人们的日常生活。正是在这个基础上，大众接纳了流媒体这个新事物，流媒体也适时抓住了这个发展机遇，呈现出了广阔的发展空间。

2. 常见的流媒体文件压缩形式

常用流媒体有声音流、视频流、文本流、图像流、动画流等，具体符号如下：

RA——实时声音；

RM——实时视频或音频的实时媒体；

RT——实时文本；

RP——实时图像；

SMIL——同步的多重数据类型综合设计文件；

SWF——Micro Media 公司的 Real Flash 和 Shock Wave Flash 动画文件；

RPM——HTML 文件的插件。

数据压缩技术也是流媒体技术的一项重要内容，视频数据的容量往往都非常大，如果不经过压缩或压缩不够，则不仅会增加服务器的负担，而且会占用大量的网络带宽，影响播放效果。因此，如何在保证观看效果或对观看效果影响很小的前提下最大限度地对流数据进行压缩，是流媒体技术研究的一项重要内容。

下面介绍几种主流的音频数据压缩格式。

（1）AVI 格式。是符合 RIFF 文件规范的数字音频与视频文件格式，由 Microsoft 公司开发，目前得到了广泛的应用。AVI 格式支持 256 色和 RLE 缩，并允许视频和音频交错在一起同步播放。但 AVI 文件并未限定压缩算法，只是提供了作为控制界面的标准，用不同压缩算法生成的 AVI 文件必须要使用相同的解压缩算法才能解压播放。AVI 文件主要应用在多媒体光盘上，用来保存电影、电视等各种影像信息。

（2）MPEG 格式。MPEG 是运动图像压缩算法的国际标准，已几乎被所有的计算机平台共同支持，它采用有损压缩算法减少运动图像中的冗余信息，同时保证每秒 30 帧的图像刷新率。MPEG 标准包括视频压缩、音频压缩和音视频同步 3 个部分，MPEG 音频最典型的应用就是 MP3 音频文件，广泛使用的消费类视频产品（如 VCD、DVD）的压缩算法采用的也是 MPEG 标准。

MPEG 压缩算法是针对运动图像而设计的，其基本思路是把视频图像按时间分段，然后采集并保存每一段的第一帧数据，其余各帧只存储相对第一帧发生变化的部分，从而达到了数据压缩的目的。MPEG 采用了两个基本的压缩技术：运动补偿技术（预测编码和插补码）实现了时间上的压缩；离散余弦变换（Discrete Cosine Transformation，DCT）技术实现了空间上的压缩。MPEG 在保证图像和声音质量的前提下，压缩效率非常高，平均压缩比为 50:1，最高可达 200:1。

（3）Real Video 格式。Real Video 格式是由 Real Networks 公司开发的一种流式视频文件格式，包含在 Real Media 音频视频压缩规范中，其设计目标是在低速度的广域网上实时传输视频影像。Real Video 可以根据网络的传输速度来决定视频数据的压缩比，从而提高适应能力，充分利用带宽。Real Server 软件就是由 Real Networks 公司提供的，使用的就是 Real Video 格式的视频文件。

Real Video 格式文件的扩展名有 3 种：RA 是音频文件，RM 和 RMVB 是视频文件。RMVB 格式文件具有可变比特率的特性，它在处理较复杂的动态影像时使用较高的采样率，而在处理一般静止画面时则灵活地转换至较低的采样率，从而在不增加文件大小的前提下提高了图像质量。

（4）QuickTime 格式。QuickTime 是由 Apple 公司开发的一种音视频数据压缩格式，得到了 Mac OS、Microsoft Windows 等主流操作系统的支持。QuickTime 文件格式提供了 150 多种视频效果，支持 25 位彩色，支持 RLE、JPEG 等领先的集成压缩技术。此外，QuickTime 还强化了对 Internet 应用的支持，并采用一种虚拟现实技术，使用户可以通过鼠标或键盘的交互式控制，观察某一地点周围 360°的景象，或者从空间的任何角度观察某物体。QuickTime 以其领先的多媒体技术和跨平台特性、较小的存储空间要求、技术细节的独立性以及系统的高度开放性，得到了业界的广泛认可。QuickTime 格式文件的扩展名是 MOV 或 QT。

（5）ASF 和 WMV 格式。高级流媒体格式（Advanced Streaming Format，ASF）是由 Microsoft 公司推出的一种在 Internet 上实时传播多媒体数据的技术标准，提供了本地或网络回放、可扩充的媒体类型、部件下载以及可扩展性等功能。ASF 的应用平台是 Net Show 服务器和 Net Show 播放器。

WMV（Windows Media Video）也是 Microsoft 公司推出的一种流媒体格式，它是以 ASF 为基础升级扩展后得到的。在同等视频质量下，WMV 格式的体积非常小，因此很适合在网上播放和传输。WMV 文件一般同时包含视频和音频两部分，视频部分使用 Windows Media Video 编码，而音频部分使用 Windows Media Audio 编码。音频文件可以独立存在，其扩展名是 WMA。

3. 流媒体的三大应用

在实时应用中（如现场流媒体广播），流媒体根据当前的网络状况和用户的终端参数，多媒体数据是一边被编码一边被流媒体服务器传输给用户。而在其他的非实时应用中，多媒体数据可以被事先编码生成多媒体文件存储在磁盘阵列中，当提供多媒体服务时，流媒体服务器直接读取这些文件传输给用户，这种服务方式对设备的要求较低。目前，许多流媒体服务属于后一种方式，这样就要求流媒体服务器具有一定的机制来适应网络状况和用户设备。

流媒体技术主要有三大应用。

（1）网络视频直播。目前，流媒体技术作为第四代媒体技术中的一种，很多大型的新闻娱乐媒体，如中央电视台和一些地方电视台等，都在互联网上提供基于流媒体技术的节目。流媒体的视频直播突破了网络带宽的限制，实现了在低带宽环境下的高质量影音传输，其中的智能流技术保证不同连接速度下的用户可以随时随地应用流媒体技术在网络上观看多媒体信息。

（2）远程教育。Internet 的使用开创了远程教育的里程碑，它促进了远程教育中的教学资源传递日趋现代化，这种教育形式能跨越校界、区界甚至国界。流媒体技术克服了传统的远程教育以文本为主、没有声音和视频的弊端，解决了教学模式单一、交互性差的问题。教学模式多样化体现在教师的在线直播授课和观看授课视频上，学员可以有针对性地选择想要学习的章节和内容，极大地提高了学习的效率。此外，流媒体技术也使远程教育的交互性大大增强，不再局限于E-mail、在线聊天、BBS等。采用流媒体技术，把流式视频、音频加入答疑系统将提高它的完整性和交互能力。流媒体的视频点播（Video On Demand，VOD）技术还可以进行交互式教学，达到因材施教的目的。像Flash Shock Wave等技术就经常被应用到网络教学中，学生可以通过网络共享学习经验。大型企业可以利用基于流媒体技术的远程教育对员工进行培训。

（3）视频点播及电视电话会议。视频会议系统指通过互联网或者其他数据网络开展的一种交互式多媒体通信业务。视频会议系统与流媒体技术相结合，利用流媒体技术良好的可访问性、可扩展性和对带宽的有效利用性，实现视频会议内容的广播和录播，并且由于流媒体终端播放软件大多是免费的，因此利用流媒体机制，如点对点（Unicast）、多址广播（Multicast）和广播（BroadCast）可以很好地满足视频会议的上述需求。可以使大量的授权流用户参加到视频会议中，扩大了会议的规模和覆盖面，而且利用流媒体技术的记录功能，视频会议在召开完以后可以实时存储，流媒体用户可以通过点播的方式来访问会议内容。

4. 流媒体的新应用

（1）IPTV。IPTV，也叫交互式网络电视，就是利用流媒体技术通过网络宽带传输数字电视信号给用户。这种应用有效地将电视、电信和PC三个领域结合在一起，具有很强的发展前景。IPTV可以采用两种不同的方式给用户提供电视服务，即组播或视频点播方式。

（2）无线流媒体。2.5G、3G以及4G无线网络的发展也使得流媒体技术可以被用到无线终端设备上，目前中国联通公司提供第一代技术码分多址（Code Division Multiple Access，CDMA），用户网络带宽最多可以达到100KB/s。这已经足够提供1/4公共中间格式（Quarter Common Intermediate Format，QCIF）的流媒体服务；而且随着3G无线网络的应用，用户的网络带宽可以达到384KB/s。另一方面，手持设备的运算能力越来越强、存储空间越来越大，都能实现基本的H.264的软件解码。

（3）电子家庭。现代家庭中越来越多的设备可以用来采集、接收、发送和播放多媒体数据，并且家庭中的网络连接也是多样化的，所有这些设备所收到的多媒体数据如何在家庭网络和设备间共享，为流媒体的发展提供了一个更大的舞台，真正实现一种无所不在、随心所欲的多媒体服务，让多媒体数据真正地像液体一样自由流动起来。流媒体在家庭网络应用中的关键是如何使多媒体数据能够适应不同设备的能力，如在电视和PC中播放的视频可能是标清甚至是高清的，但是同样的内容就可能需要经过流媒体系统的有效转换才能成为手持设备上播放的媒体。

8.2 IPTV技术

IPTV是利用宽带网的基础设施，以家用电视机或计算机作为主要终端设备，集互联网、多媒体、通信等多种技术于一体，通过互联网协议（IP）向家庭用户提供包括数字电视在内的多种交互式数字媒体服务技术。

IPTV与传统TV节目的最大区别在于“交互性”和“实时性”，实现的是无论何时何地都能“按需收看”的交互网络视频业务，对于“IPTV”的理解，也有两种观点：一是“IPTV=IP+TV”模式，即在这种实现方式中，IP业务和TV业务在传输线路中是完全独立并行的；另一个是“IPTV=TV over IP”模式，即包括TV在内的所有业务都承载在IP之上。

IPTV工作原理和基于互联网的电话服务IP电话相似，通过互联网发送，然后在另一端进行复原。其实它与大多数的数据传输过程相似，首先是编码，即把原始的电视信号数据进行编码，转化成适合Internet传输的数据形式；然后通过互联网传送；最后解码，通过计算机或者是电视机收看，只是由于传输的数据是视频和同步的声音，要求的传输速度是非常高的，所以它采用的编码和压缩技术是最新的高效视频压缩技术。

IPTV有两个基本特点：首先是基于IP技术和个性化的按需服务，与传统电视相比其最大的特点是交互性和实时性，用户可按需获取宽带IP网提供的媒体节目，实现实质性互动；其次，IPTV借助先进高效（768KB/s时接近DVD水平）的视频压缩技术（MPEG-4、H.264等），为用户提供高质量的数字媒体信息服务。此外，IPTV还可以为用户提供包括数字电视节目、可视电话、VOD、网络游戏、网上购物和远程教育等在内的交互式信息服务。

1. IPTV的组成

从物理结构上看，IPTV系统分为三个子系统：网络系统（业务传送平台）、服务端系统（包括节目源和业务平台）、用户端系统。

（1）节目（内容）源。节目源是给用户提供可以看的节目，包括电视台在播节目、各类媒体信息及视频服务商揽供的各类节目，它是用户需求的集合。

（2）业务平台。业务平台主要包括三个方面；一是中心媒体基站（CMS）提供所有流媒体片源的存储，直播视频信号的编码、转码、流化、存储和播放，以及后台完整的运营支撑系统（OSS），包括：媒体管理、用户管理、内容管理、用户自助服务、计费和网管系统等；二是归属媒体基站（HMS），提供流媒体的分布式存储功能；三是边沿媒体基站（EMS），提供分布式存储和直接向用户提供端到端的流媒体服务。

（3）内容分发网络。IPTV业务具有个性化、交互性的特点，点播类IPTV业务必须采用内容分发网（CDNVDN）技术，需要在互联网基础网络之上叠加构建一个专用的内容分发网（CDN/VDN），CDN/VDN由核心服务器、分布式缓存服务器及存储设备、重定向DNS（域名系统）服务器和内容交换服务器等组成，重定向DNS服务器依据DNS来确定发出请求的接收端地址，在兼顾服务器负载均衡的前提下，根据该地址选择最近的缓存服务器向接收端发送流媒体内容。

（4）用户端。用户端设备的主要功能是接收（也包括发送用户请求）和处理（也包括存储功能）媒体流，向用户呈现媒体流。IPTV用户接收终端分为PC、IPTV机顶盒+电视机、手机三种平台。机顶盒客户端主要提供如下服务：音视频点播、音视频广播、电子节目单、遥控器操作、网络接入支持、管理与认证、最终用户的帮助信息。

2. IPTV主要技术

IPTV技术是一项系统技术，主要包括音视频编解码技术、流媒体传送技术、宽带接入网络技术、IP机顶盒技术等，使音视频节目或信号，以IP包的方式，在不同物理网络中被安全、有效且保质地传送或分发给不同用户。

IPTV所涉及的主要技术如下：

（1）音视频编解码技术。IPTV 音视频编解码技术在整个系统中处于重要地位，IPTV 作为 IP 网络上的视频应用，对音视频编解码有很高的要求。目前主流的视频编码格式有以下几种：MPEG-2、MPEG-4 part 2、H.264/AVC、微软的 WMV-9、Real 公司的视频格式，前三者为公开的国际标准，后两者为企业的私有标准。

（2）音视频服务器。音视频服务器是一种对音视频数据进行压缩、存储及处理的专用设备，它在广告插播、多通道循环、延时播出、硬盘播出及视频节目点播等方面都有广泛的应用，主要由音视频编码器、大容量存储设备、输入/输出通道、网络接口、音视频接口、RS422 串行接口、协议接口、软件接口、视音频交叉点矩阵等构成，同时提供视频处理功能。它主要支持 MPEG-1 或 MPEG-2 等压缩格式，在符合技术指标的情况下对视频数据进行压缩编码，以满足存储和传输的要求。

（3）IP 单播（Unicast）和组播（Multicast）技术。单播技术主要完成数据从一方传送到另一方的任务，传送数据时必须在发送方和接收方之间建立通道，网络软件中的单播方式多以 TCP（Transmission Control Protocol，传输控制协议）的连接方式工作。发送方必须知道接收方的 IP 地址，数据将发送到接收方 IP 地址的缓冲区中，接收方必须在自己的 IP 地址处建立缓冲区，等待数据的接收，同时要维护好这个缓冲区，避免溢出。

组播技术是一种允许一个或多个发送者（组播源）发送单一的数据包到多个接收者（一次的，同时的）的网络技术，它提高了数据传送效率，减少了主干网出现拥塞的可能性，组播组中的主机可以是在同一个物理网络，也可以来自不同的物理网络（需要有组播路由器的支持）。实现 IP 组播传输时，组播源和接收者以及两者之间的下层网络都必须支持组播。

单播传输采用视频分发（VDN/CDN）技术，组播传输允许同时发送单一的数据包到多个接收者。组播技术涉及网络安全以及网络异构性问题，大范围、综合业务的组播不易实现。而视频分发技术相对来说简单些。因此，对于 IPTV，视频分发应该是它的发展方向。为了不使网络、服务器发生堵塞，视频分发网络必须把服务器、存储器部署推进到小区，这样投资成本将会变得巨大，否则，又会因点播的人多了而发生网络堵塞和服务器堵塞。

（4）IP QoS 技术。不同的业务对网络的要求是不同的，如何在分组化的 IP 网络实现多种实时和非实时业务成为一个重要话题，人们提出了 QoS（Quality of Server，服务质量）的概念。IP QoS 是指 IP 网络的一种能力，即在跨越多种底层网络技术（FR、ATM、Ethernet、SDH 等）的 IP 网络上，为特定的业务提供其所需要的服务。QoS 包括多个方面的内容，如带宽、时延、时延抖动等，每种业务都对 QoS 有特定的要求，有些可能对其中的某些指标要求高一些，有些则可能对另外一些指标要标求高一些。

（5）数字版权管理技术。数字版权管理（Digital Right Management，DRM）是随着电子音视频节目在互联网上的广泛传播而发展起来的一种新技术。首先在互联网上音视频节目的传播上得到应用，并逐步应用到其他业务领域。DRM 技术的目的是保护数字内容的版权，从技术上防止数字内容的非法复制，或在一定程度上提高复制的技术和成本门槛。用户认证系统是 DRM 系统的重要支撑，只有通过认证的用户才可能使用 IPTV 业务。目前有许多认证系统，常用的认证机制包括 Kerberos 和 PKI 机制，基于这两种认证机制，产生了两种比较典型的 IPTV DRM 系统。

（6）宽带接入网络技术。IPTV 接入可以充分利用现有的宽带接入技术，主要有 xDSL、

FTTx+LAN、Cable Modem 等。目前，xDSI 技术中最常用的技术有 ADSL 和 VDSL。FTTx+LAN 技术是光纤到 x 的简称，它可以是光纤到户（FTTH）、光纤到局（FTTE）、光纤到配线盒/路边（FTTC）、光纤到大楼/办公室（FTTB/o）。光纤具有很宽的带宽，可以说，光纤到户技术非常有利于开展 IPTV 业务。Cable Modem 接入方式是利用有线电视的同轴电缆传送数据信息的，它的上下行速率可高达 48MB/s。但 Cable Modem 是一种总线型的接入方式，同一条电缆上的用户互相共享带宽，在密集的住宅区，若用户过多，Cable Modem 一般难以达到较为理想的速率。

3. IPTV 的主要业务

当前的网络电视应用主要提供 4 类业务：直播电视（Live TV）、视频点播、时移电视（Time shifted TV）、基于机顶盒的因特网浏览业务。它们对网络有各自不同的传输质量要求。

（1）直播电视。电视直播是 IPTV 系统的基本业务，也是运营商广泛推广的关键业务。将视频信号（摄像头信号、电视信号）实时压缩成数字信号，通过直播形式传送到每一个请求的客户端，在一台服务器上可以实时直播多路数字电视信号。若采用点对多点的多播功能，服务器每路视频只发送一次信号，该信号会被复制到所需的用户设备，不需要为每个用户单独发送一路信号。一般采用组播技术以减轻骨干网的带宽压力，IPTV 运营商提供该业务时要保证：不能比传统的模拟电视有太多的时延，不能简单地靠本地缓存技术来保证图像的连贯性；实时性要求很高，需要严格保障服务质量；要求网络不仅要有保护倒换机制，而且保护倒换的时间应做到毫秒级。

（2）视频点播。顾名思义，视频点播就是根据观众的要求播放节目的视频播放系统。视频点播是当前国际上最热门的高科技应用项目之一，它是随着计算机技术和网络通信技术的发展，综合了计算机、通信技术、电视技术而新兴的一门综合性技术；它适应了网络和视频技术的发展趋势，彻底改变了过去收看节目的被动方式，实现了节目的按需收看和任意播放，集动态影视图像、静态图片、声音、文字等信息为一体，为用户提供实时、交互、按需点播服务的系统。

为了使用户端实现视频点播，系统必须保证网络设备主干通道的通畅、用户端独享通道的稳定带宽。在考虑了流媒体通过 IP 网传送所附带的冗余信息及其他一些因素后，在计算实际要求带宽时需增加一定的冗余带宽。边缘交换机、接入交换机、主干交换机应具有足够的交换能力，在最多的视频流同时通过这些网络设备时不会产生瓶颈。对于网络系统的主干通道带宽，连接到视频服务器的端口通道的带宽总量必须大于所允许的最大并发用户数所占的独享带宽之和。

（3）时移电视。时移电视是在交互式宽频网络上实施的一种崭新的电视节目服务形式。传统电视的特点是固定时间、固定频道、单向广播；而时移电视的特点是用户可在任意时间收看任意频道中的任意节目或片段，可以像影碟机、录像机一样对收看的电视节目实行暂停、快进、快退等功能操作。IPTV 初期进行差异化竞争的主力产品是“时移电视”。时移电视本质上是 VOD 技术在电视节目收视方面的发展。它的实施需要具有大流量并发能力、存储能力的分布式前端和双向宽频网络的技术支撑以及庞大的电视节目后台工作。

8.3 P2P 技术

P2P 又称对等互联网络技术，是一种网络新技术，依赖网络中参与者的计算能力和带宽，而不是把依赖都聚集在较少的几台服务器上。P2P 网络的一个重要的目标就是让所有的客户端都能提供资源，包括带宽、存储空间和计算能力。因此，当有节点加入且对系统请求增多时，整个系统的容量也增大。这是具有一组固定服务器的 C/S 结构不能实现的，C/S 结构中客户端的增加意味着所有用户更慢的数据传输。

P2P 应用已经成为互联网的主要应用之一，P2P 的模式也成为许多新型业务的首选模式。P2P 技术被广泛应用于文件共享、网络视频、网络电话等领域，以分布式资源共享和并行传输的特点，为用户提供了更多的资源、更高的可用带宽以及更好的服务质量。P2P 节点不依赖中心节点而是依靠网络边缘节点，实现自组织与对等协作的资源发现和共享，因此拥有自组织、可扩展性、鲁棒性、容错性以及负载均衡等优点。可以预见，随着使用 P2P 实时流媒体（P2P-TV）用户数目的迅速增加，P2P 实时流媒体应用将占有更大比例。

P2P 应用主要有：文件分发软件，如 BitTorrent.eMule；语音服务软件，如 Skype；流媒体软件，如 PPLive。目前 P2P 应用并没有统一的网络协议标准，种类多、形式多样，其体系结构和组织形式也在不断发展。

1. P2P 文件分发

Web 文件分发协议（Web File Distribution Protocol，WFDP）是一种在 Web 站点上分发大文件的协议，它的原理是将大文件分割成若干子文件，然后将这些子文件发布到互联网，每个子文件都有一个可独立访问的 URL，发布者只需要将文件基本信息和所有子文件的 URL、偏移量、大小等信息生成一个 WFDP 文件公布，任何支持 WFDP 的客户端软件都可以下载子文件并合并还原成原始文件。

2. Bit Torrent

Bit Torrent 软件用户首先从 Web 服务器上获得下载文件的种子文件，种子文件中包含下载文件名及数据部分的哈希值，还包含一个或者多个的索引（Tracker）服务器地址。

Bit Torrent 的工作过程如下：客户端向索引服务器发一个超文本传输协议（HTTP）的 GET 请求，并把它自己的私有信息和下载文件的哈希值放在 GET 的参数中；索引服务器根据请求的哈希值查找内部的数据字典，随机地返回正在下载该文件的一组节点，客户端连接这些节点，下载需要的文件片段。因此可以将索引服务器的文件下载过程简单地分成两个部分：与索引服务器通信的 HTTP；与其他客户端通信并传输数据的协议，称为 Bit Torrent 对等协议。Bit Torrent 协议也处在不断变化中，可以通过数据报协议（UDP）和 DHT 的方法获得可用的传输节点信息，而不是仅仅通过原有的 HTTP，这种方法使得 Bit Torrent 应用更加灵活，提高了 Bit Torrent 用户的下载体验。

3. eMule

eMule 软件是基于 eDonkey 协议改进后的协议，同时兼容 eDonkey 协议。每个 eMule 客户端都预先设置好了一个服务器列表和一个本地共享文件列表，客户端通过 TCP 连接到 eMule 服务器进行登录，得到想要文件的信息以及可用的客户端的信息。

一个客户端可以从多个其他的 eMule 客户端下载同一个文件，并从不同的客户端取得不同的数据片段。eMule 同时扩展了 eDonkey 的能力，允许客户端之间互相交换关于服务器、其他客户端和文件的信息。eMule 服务器不保存任何文件，它只是文件位置信息的中心索引。eMule 客户端一启动就会自动使用传输控制协议（TCP）连接到 eMule 服务器上，服务器给客户端提供一个客户端标识（ID），它仅在客户端服务器连接的生命周期内有效，连接建立后，客户端把其共享的文件列表发送给服务器，服务器将这个列表保存在内部数据库内。eMule 客户端也会发送请求下载列表，连接建立以后，eMule 服务器给客户端返回一个列表，包括哪些客户端可以提供请求文件的下载。然后，客户端再和它们主动建立连接下载文件。

eMule 的基本原理与 BitTorrent 类似，客户端通过索引服务器获得文件下载信息。eMule 同时允许客户端之间传递服务器信息，BitTorrent 只能通过索引服务器或者 DHT 获得。eMule 共享的是整个文件目录，而 BiTorrent 只共享下载任务，这使得 BitTorrent 更适合分发热门文件，eMule 倾向于一般热门文件的下载。

4. 迅雷

迅雷是一款新型的基于多资源多线程技术的下载软件，拥有比目前用户常用的下载软件快 7～10 倍的下载速度。迅雷的技术主要分成两个部分：一部分是对现有 Internet 下载资源的搜索和整合，将现有 Internet 上的下载资源进行校验，将相同校验值的统一资源定位（URL）信息进行聚合，当用户单击某个下载链接时，迅雷服务器按照一定的策略返回该 URL 信息所在聚合的子集，并将该用户的信息返回给迅雷服务器；另一部分是迅雷客户端通过多资源多线程下载所需要的文件，提高下载速率。迅雷高速稳定下载的根本原因在于同时整合多个稳定服务器的资源，实现多资源多线程的数据传输。多资源多线程技术使得迅雷在不降低用户体验的前提下，对服务器资源进行均衡，有效降低了服务器负载。

每个用户在网上下载的文件都会在迅雷的服务器中进行数据记录，如有其他用户再下载同样的文件，迅雷的服务器会在它的数据库中搜索曾经下载过这些文件的用户，服务器连接这些用户，通过用户已下载文件中的记录进行判断，如用户下载文件中仍存在此文件（文件如改名或改变保存位置则无效），用户将在不知不觉中扮演下载中间服务角色，上传文件。

5. P2P 流媒体直播

P2P 流媒体直播是最新发展起来的一种网络流媒体技术，它利用 P2P 的原理来建立播放网络，从而达到节省服务端带宽消耗、减轻服务端处理压力的目的，采用该技术可以使得单一服务器就能轻松负荷起成千上万的用户同时在线观看节目。

P2P 直播首先需要流媒体的源，可以是流媒体文件，如 wnv 文件；也可以是其他流媒体服务器的输出内容，如 Windows Media Server 输出的流。其次需要 P2P 的服务端软件来控制和转发媒体流。客户端则需要 P2P 的客户端来接收媒体流，由于系统资源消耗不多，采用普通的计算机就可以建立直播系统。

由于 P2P 的大部分处理都在客户端之间进行，对服务器压力很小，P2P 流媒体直播具有以下特点：P2P 直播在容量上按理论没有限制，在线用户越多，网络越顺畅；P2P 直播不同于 VOD 点播，用户不可以选择播放的内容，只能按时间点来观看节目，因此 P2P 直播形式上更像是网络上的电视，用户只能在频道之间进行选择；由于需要建立缓冲来进行 P2P 交换，会带来一定的延时，在节目开始播放之前也需要几十秒的下载缓冲时间。

P2P 直播需要客户端插件支持，虽然流媒体本身的内容可以用 Windows Media Player 或者 Real Player 之类的通用播放器来播放，但是客户端还需要安装插件来接收和交换流媒体的内容。

（1）PPLive。PPLive 又称 PPTV，它是全球华人领先、规模最大、拥有巨大影响力的视频媒体，全面聚合和精编影视、体育、娱乐、资讯等各种热点视频内容，并以视频直播和专业制作为特色，基于互联网视频云平台 PPCLOUD，通过包括 PC 网页端和客户端、手机和 Pad 移动终端以及与牌照方合作的互联网电视和机顶盒等多终端向用户提供及时、高清和互动的网络电视媒体服务。

PPTV 的特性如下：一是清爽明了，简单易用的用户界面；二是利用 P2P 技术，人越多越流畅；三是丰富的节目源，支持节目搜索功能；四是频道悬停显示当前节目截图及节目预告；五是优秀的缓存技术；六是自动检测系统连接数限制；七是对不同的网络类型和上网方式实行不同的连接策略，更好地利用网络资源；八是在全部 Windows 平台下支持 UPnP 自动端口映射；九是自动设置网络连接防火墙等。

（2）PPS。PPStream（PPS 网络视频）有一套完整的基于 P2P 技术的流媒体大规模应用解决方案，包括流媒体编码发布、广播、播放和超大规模用户直播。PPStream 是全球第一家集 P2P 直播、点播于一身的网络电视软件，能够在线收看电影、电视剧、体育直播、游戏竞技、动漫、综艺、新闻、财经资讯等。PPS 网络电视完全免费，无须注册，下载即可使用，播放流畅，P2P 传输，越多人看越流畅，是广受网友推崇的上网装机软件。

（3）CBOX。CNTV 客户端全称是 CNTVCBOX 网络电视客户端。CBOX 是中国网络电视台的网络电视客户端软件，拥有包括视频直播、点播、电视台列表、智能节目单、视频搜索等功能，实现个性化的电视节目播放与提醒，让网友更加自由、方便地体验中国网络电视台。

CBOX 央视影音作为中国最大的网络电视直播客户端，在线提供 140 多套电视台高清同步直播，1300 多套点播栏目，涵盖 CCTV 及卫视电视台直播、栏目点播、节目预告、体育直播、影视动漫等，用户可免费下载安装 CBOX 央视影音，在线享受高清体验，包括 PC 客户端和移动客户端。

6. P2P 语音服务 Skype

Skype 是网络语音沟通工具，它可以提供免费高清晰的语音对话，也可以用来拨打国内国际长途，还具备即时通信所需的其他功能，比如文件传输、文字聊天等。

Skype 本身也是基于 P2P 网络，在它里面有两种类型的节点：普通节点和超级节点。普通节点是能传输语音和消息的一个功能实体；超级节点则类似于普通节点的网络网关，所有的普通节点必须与超级节点连接，并向 Skype 的登录服务器注册来加入 Skype 网络。Skype 的登录服务器上存有用户名和密码，并且授权特定的用户加入 Skype 网络。

Skype 的另一个突出特点就是能够穿越地址转换设备和防火墙。Skype 能够在最小传输带宽 32KB/s 的网络上提供高质量的语音。Skype 是使用 P2P 语音服务的代表，由于具有超清晰语音质量、极强的穿透防火墙能力、免费多方通话以及高保密性等优点，成为互联网上使用最多的 P2P 应用之一。

本章小结

随着社会变化，用户对多媒体信息的需求量越来越大，对传输速率的要求也越来越高。为满足需要，一大批新的传输技术涌现出来。本章主要介绍了流媒体技术、IPTV 技术、P2P 技术。

思考题

1．请简要介绍流媒体的特点与流媒体文件的主要压缩形式。
2．请简述流媒体的主要应用范围。
3．什么是 IPTV 技术？请简要描述该技术的特点。
4．请简述 IPTV 技术的主要业务。
5．什么是 P2P 技术？并简要介绍该技术应用范围。

9

新媒体技术发展与趋势

当前，我国的新媒体技术发展进入了时代快车道，由以前的技术推动社会进步到现在的社会进步带动技术发展，都显示了我国对技术发展的决心。党的十九大报告多次提到“互联网”，既肯定了互联网建设管理运用所取得的成绩，也正视了所存在的问题。到2018年上半年，我国的新兴技术领域取得重要进展，在量子信息技术、天地通信、类脑计算、AR/VR/MR、人工智能、区块链、超级计算机、工业互联网等信息领域核心技术发展势头较好。政务新媒体开启资源共享与服务升级新阶段，网络直播与短视频行业新业态频出，媒体融合进入系统性创新时期，内容付费与知识服务掀起新内容变革，构建网络空间命运共同体促进全球传播秩序革新，新媒体外交助推中国国际影响力提升。目前，我国信息化建设成果持续惠民，国家通过主动严管严控与平台自主整改等多重举措并行开展互联网治理，使网络发展进一步规范化。

9.1　新媒体产业发展概要与趋势

9.1.1　国家新战略：我国新媒体发展面临新要求与新变化

当前，国家科技创新力与网络竞争力是国际社会普遍关注的焦点，加快数字经济建设、聚焦社交媒体发展、大力发展人工智能已经成为全球共识。面对新传播技术的快速更新，世界各国纷纷加快信息化建设步伐，提升微传播影响力和引导力，推动经济社会转型升级。2017年3月，英国政府正式出台《英国数字化战略》，明确设定了网络空间、数字化治理、数据经济、数字化部门等7方面战略任务，以推进英国数字化业务和新型技术研发应用。同时，英国政府高度重视发挥人工智能对本国社会经济的推动作用，通过不断发布相关研究报告的形式密切关注此领域的前沿应用。2018年4月，英国议会下属的人工智能特别委员会发布报告《英国人工智能发展的计划、能力与志向》，对人工智能研发与社会应用进行了透彻分析，并呼吁英国政府从战略层面为人工智能发展制定标准。2017年7月，数字经济被列入俄罗斯联邦2018—2025年主要战略发展方向目标，俄罗斯政府正式批准了《俄罗斯联邦数字经济规划》。2018年1月，德国针对社交网络平台的监督法案《网络执行法》正式全面生效，以国家专门立法的形式明确了社交平台的主体及其责任，并依法监管。美国国际战略研究所2018年3月发布的《美国机器智能国家战略报告》显示，美国在2012—2017年收购了超过50家早期机器智能公司，主要目的是获取机器智能的思维和人才。新技术为国家提升国际传播力、影响力和综合国力提供了新契机，将互联网与新媒体发展纳入国家顶层规划设计成为许多国家进一步发展的战略举措。

在互联网加速发展的时代背景与国际环境下，中国新媒体发展面临新的机遇与挑战。2017年10月，党的十九大对中国新媒体传播活动提出了新要求与新期待。一方面，需要明确在新媒体领域如何准确理解和把握我国社会主要矛盾发生的变化，以新思路应对与解决人民日益增长的新媒体使用、体验需求与新媒体内容、传播方式和手段发展不平衡、不充分的现状之间的问题；另一方面，在中国全面建设社会主义现代化国家新征程上，如何进行网络与新媒体建设，发挥新媒体的牵引作用至关重要。

党的十九大报告多次提到“互联网”，细究其中的表述，既有对互联网建设管理运用所取得成绩的肯定，又有对所存在问题的正视，同时也从战略层面为下一步中国新媒体发展指明了方向，深刻影响中国新媒体发展态势与格局。2014 年出台新媒体国家战略之后，中国对于互联网与新媒体发展有了新一轮的规划重点与布局考量：不仅限于媒体融合，更侧重于在“互联网+”的基础上将网络发展与国家整体发展紧密相连，大力推进网络强国、数字中国、智慧社会建设，互联网被视为我国经济、文化、军事、社会等发展的强力助推器。同时，新媒体需要牢牢掌握意识形态工作领导权，坚持正确舆论导向，增强引导力与公信力。党的十九大报告指出，要加强互联网内容建设，建立网络综合治理体系，营造清朗的网络空间。这突出强调了新时代网络舆论工作的重要性，要求新媒体以内容建设为根本，坚持引导与治理、发展与监管并重。

进行网络技术自主创新发展是当前新媒体建设的重要课题，网络传播手段和技术自主创新被提升至新的战略高度。要遵循信息传播技术研发规律，重视新媒体技术特别是核心技术的掌握与突破，通过体系化布局与产业化建设，切实挖掘新媒体技术的创新力和驱动力。

在组织机构层面，国家通过机构改革推进部门整合和人员流动，使新媒体监管工作集中化、统一化、明晰化。中共中央印发的《深化党和国家机构改革方案》，对新闻出版工作管理机构和中央网信办的职责分别进行了调整和优化。中央广播电视总台的组建则有利于新媒体传播资源的统筹和整合，发挥广播电台和电视台的传播优势，统筹把握新媒体传播内容，显著提升中央主流媒体的对内对外微传播力。

9.1.2 信息化建设成果持续惠民

国家战略指导信息化建设，保障互联网发展成果为人民所共享。当前，我国信息化建设不断深入，互联网发展不断开创新局面。根据中国互联网络信息中心 2018 年 1 月发布的第 41 次《中国互联网络发展状况统计报告》，截至 2017 年 12 月，我国网民规模达 7.72 亿，互联网普及率为 55.8%。《中国互联网发展报告 2017》的数据显示，截至 2016 年底，中国计算机、通信和其他电子设备制造业有效发明专利数为 227365 个，2016 年专利申请数为 118725 个，近五年中四度居全球国际专利申请量第一位。推进信息化建设恰逢其时，国家高度重视互联网发展，并进一步深化顶层设计，加强总体布局，从各个方面协调推进。十九大报告提出，要推动互联网、大数据、人工智能和实体经济深度融合。2017 年 11 月，国务院印发了《关于深化“互联网+先进制造业”发展工业互联网的指导意见》，这一指导性文件与《中国制造 2025》

一脉相承，明确了推进“互联网+工业”的系列行动内容。继 2017 年后，人工智能再次被写入 2018 年政府工作报告。2018 年政府工作报告明确了加大网络提速降费力度，对“互联网+”在民生、文化、政务、体育等多领域应用进行了具体布局，在经济社会转型升级中充分发挥互联网的功能。

人民共享互联网发展成果，民众获得感进一步提升。中国信息化服务水平加速提高，互联网基础设施建设持续加强，4G 服务和高速宽带接入服务得到优化，通信普惠切实推进。据工信部公布的《2017 年通信业统计公报》数据，2017 年，全国净增移动通信基站 59.3 万个，总数达 619 万个，是 2012 年的 3 倍。2017 年新建光缆线路长度 705 万公里，全国光缆线路总长度达 3747 万公里，比上年增长 23.2%。信息技术成果日益改变人们的生活方式，便利了人们的工作与生活。网络零售应用发展迅速，中国成为全球最具活力的电子商务市场。为满足人们对高生活质量的需求，跨境电商发展迅速。根据《2017 年世界电子商务报告》数据，2017 年，中国电子商务交易总额达 29.2 万亿元，同比增长 11.7%，B2C 销售额和网购消费者人数均排名全球第一。互联网与传统行业的深度融合使生活的便利性、舒适度和智能性不断提升。

我国信息化发展成果服务世界，具有国际竞争力与影响力。扫码支付、共享单车、网购与高铁一起被誉为中国“新四大发明”。以摩拜单车、ofo 小黄车为代表的中国共享单车平台加速在国际市场投放，在新加坡、英国、以色列等多个国家，用户均可使用中国共享单车。以支付宝、微信支付两大巨头为代表的中国移动支付遍布海外，包含海外退税服务的移动支付改变了用户的消费与支付方式。截至 2018 年 3 月的统计数据显示，北美、欧洲、日韩、东南亚、澳新、中东等全球 40 个国家和地区支持支付宝扫码支付。微信的“城市体验”小程序则通过微信支付、微信卡券等微信生态在游客海外出行场景中提供便利。中国游客在海外也可享受国内的移动网络应用服务。在无人机领域，深圳拥有包括大疆在内的 300 多家无人机企业，占据全球市场七成份额，在无人机研发、制造和解决方案提供方面处于世界领先位置，无人机已然成为深圳的新城市名片。

9.1.3 “数字中国”建设步入快车道

随着信息化建设进入新阶段，以大数据挖掘与应用、数字融合、区块链应用为主要内容的数字中国建设如火如荼。《世界互联网发展报告 2017》显示，目前全球 22%的 GDP 与涵盖技能和资本的数字经济紧密相关。发展数字经济已经成为世界主要大国和地区增强综合国力、提升国际地位的共同选择。历经了“互联网+”“人工智能+”“数字经济”的发展，数字中国建设描绘了中国社会总体数字化发展的新蓝图。数字中国更加强调数字化技术在经济、社会、文化等中国各发展领域的横向应用，同时更提倡数字技术与各行业的纵向融合，带动行业转型升级，从而推动中国整体向前发展。当前，数字中国建设已上升为国家战略。

国家通过顶层设计为数字中国建设把舵定向，规划了清晰的发展路径。党的十九大报告强调通过加强基础应用研究，为建设网络强国、数字中国、智慧社会提供有力支撑。《大数据产业发展规划（2016－2020 年）》《增强制造业核心竞争力三年行动计划（2018－2020 年）》《智能光伏产业发展行动计划（2018－2020 年）》等配套政策文件的发布从不同领域和层面规划了数字中国建设的发展路径。全国各地方大数据管理局、大数据统筹局、大数据发展局、数字政府建设管理局等大数据管理机构相继成立，数字中国建设组织机构搭建逐步实现。

数字经济进入黄金发展期，领航数字中国建设。根据《数字中国建设发展报告 2017》，2017 年我国数字经济规模达 27.2 万亿元，同比增长 20.3%，占 GDP 的比重达到 32.9%，中国数字经济规模位居全球第二。数字经济是新型经济形态，包含以互联网产业、电信产业、软件与信息技术服务业等为内容的信息通信业，也包括数字技术与传统行业融合带来的经济模式升级。数字经济发展迅速，一方面，数字技术、移动技术、网络技术等新技术不断创新促使信息通信业较快发展；另一方面，由于数字技术与各行业融合发展势头良好，数字经济已成为我国经济增长的助推器，是数字中国建设的核心动力。

数字中国建设推进智慧社会的到来。数字技术与医疗、教育、养老、治安、交通等行业的融合加速了数字生态共同体构建，中国智慧国家建设逐步加强。“数字丝绸之路”、中国传统文化 IP 数字化、数字城市服务共享等多领域数字化发展能力成为我国智慧城市建设的核心生产力。在数字出版业，2018 年国家将全面实施“数字出版千人培养计划”，以数字阅读推进出版业与数字技术融合。2018 年 4 月，首届数字中国建设峰会的召开搭建了信息化发展成果展示与交流平台，已有电子政务、数字经济等建设成果的展示，为下一步数字中国发展提供了经验借鉴。

9.1.4　互联网治理：多举措严管严控与平台自主整改并举

伴随《网络安全法》的正式实施，2017 年以来互联网治理呈现严管严控特点。国家主管部门通过约谈、整改、下架等“组合重拳”使平台治理进一步规范化。面对移动互联网产品形态不断更新、乱象涌现的态势，互联网治理顶层设计进程不断加快，规范领域更加精准，监管更加“常态化”。以平台治理和微传播新业态为主的专项治理成为当前互联网治理的主要内容。在坚持将依法治网作为互联网治理主线的前提下，网络平台自主整改的自觉性与能力有所提升，自律体系的构建得到加强。

平台治理模式是指国家以网络平台为管理单位，整体对网络平台进行监管，强调履行互联网企业的主体责任，通过平台自主整改约束用户行为，保持网络空间清朗。针对网络直播、短视频等网络视频新业态中存在的突出问题，国家主管部门以典型事例为切入点，集中实行平台治理。例如，2018 年 4 月，针对“快手”、今日头条旗下“火山小视频”等短视频平台出现的“未成年妈妈事件”，国家互联网信息办公室、国家广播电视总局等部门迅速约谈“快手”和“今日头条”平台相关负责人，并责令短视频平台进行全面整改。相关短视频平台通过公开致歉、视频清理、封禁账号、加强人工审核等多项整改措施进行自我治理。“快手”建立起未成年人保护体系、上线家长控制模式，加大了举报处置团队建设和固定视频引导强度。“火山小视频”则暂停了相关频道更新，加强了自纠自查，加大了正能量视频账号创建与推广力度。网络平台治理促使短视频平台集体进入整改期，短视频社交应用“抖音”“西瓜视频”等平台纷纷进行了整改。

国家重现网络生态与舆论，管理部门通过密集出台专项网络治理法规文件，进行网络空间治理。为提升传播内容品质，国家新闻出版广电总局（现国家广播电视总局）围绕网络视听节目内容建设频出新政，规范互联网视听空间秩序。2017 年 6 月，印发《关于进一步加强网络视听节目创作播出管理的通知》，强调网络视听节目要建立好把关机制，以人民为中心进行内容创作与传播，弘扬正能量；同月，审议通过《网络视听节目内容审核通则》，明确了网络视听节目的审核标准、内容导向要求等；2018 年 3 月，发布《关于进一步规范网络视听节目传播秩序的通知》，对网上片花、预告片及视听节目改编等做了专项规定。针对网络内容信息规范专题，国家网信办出台一系列配套文件集中专项管理。2017 年 6 月，《互联网新闻信息服务管理规定》《互联网新闻信息服务许可管理实施细则》开始施行，对互联网新闻信息的提供者和用户行为进行了明确规定；10 月，《互联网论坛社区服务管理规定》《互联网跟帖评论服务管理规定》《互联网群组信息服务管理规定》《互联网用户公众账号信息服务管理规定》开始施行，从网络社区管理的角度规范了论坛、群组、公众账号的运营和使用行为；12 月，《互联网新闻信息服务新技术新应用安全评估管理规定》《互联网新闻信息服务单位内容管理从业人员管理办法》开始施行，对在网络新闻中运用新技术的行为从业人员要求进行了详细规定。这些配套规范性文件从不同层面具化和实化了网络新闻服务管理，有利于提升专项内容管理的体系化和科学化水平。

9.1.5 中国加速迈入智能互联新时代

2017 年中国人工智能领域创新发展成果丰硕。根据《2017 年中国人工智能产业数据报告》，2017 年我国人工智能市场规模达到 216.9 亿元，比 2016 年增长 52.8%，我国提出的标准提案成为全球首个面向智能制造服务平台的国际标准。截至 2017 年 6 月，全球人工智能企业总数达到 2542 家，中国人工智能企业数量居第二位。以语音与图像识别、云计算、机器人为内容的人工智能技术应用取得重要进展。人工智能技术推动移动互联时代向智能互联时代转变，智能服务成为互联网下一阶段发展的核心内容，成为全球创新的新高地。中国互联网的发展通过把握政策红利和技术红利，利用人工智能技术推动互联网产业向技术驱动型升级。

国家加紧人工智能布局，从上至下逐步落实人工智能发展工作，以政策引导为人工智能产业发展提供支持。2017 年 7 月，国务院印发《新一代人工智能发展规划》，明确了人工智能发展的总体部署、重点任务领域、资源配置和保障措施，从国家战略的高度规划了人工智能的未来发展；10 月，人工智能被正式写入党的十九大报告，人工智能与实体经济深度融合被提升至政策规划层面；12 月，中华人民共和国工业和信息化部（以下简称工信部）印发《促进新一代人工智能产业发展三年行动计划（2018－2020 年）》，指导人工智能产业未来三年的阶段性发展，同月，北京市交通委员会正式印发了《北京市关于加快推进自动驾驶车辆道路测试有关工作的指导意见（试行）》，作为中国首个自动驾驶领域管理规范，规定了北京地区的自动驾驶行为；继 2017 年后，人工智能又被写入 2018 年政府工作报告，人工智能在推进经济社会转型升级方面被赋予重任；2018 年 4 月，工信部组织开展人工智能与实体经济深度融合创新项目申报，通过建立创新项目库对人工智能进行推广与支持。

互联网科技企业加速抢滩人工智能产业，重视人工智能研发环节，引领人工智能发展。2017 年 7 月，京东家电、长虹、TCL、海信等近 20 家企业、机构共同组织成立“人工智能电视产业联盟”，旨在发挥多方优势合力推动人工智能技术在家庭生活场景中的运用。作为我国人工智能的主要推动者，百度的人工智能与谷歌、Facebook、微软等的人工智能齐名。2017 年 10 月，百度启动“燎原”计划，通过向人工智能开发者提供平台、标准、资源等重点培养和扶持人工智能人才。阿里巴巴投资千亿元成立阿里巴巴达摩院，为机器智能、智联网等多领域人工智能研发提供组织与资金保障。网络视频平台爱奇艺将人工智能技术引入网络视频节目的演员选择、剧本创作、搜索运营、流量预测等内容制作的全环节，引领人工智能技术在网络娱乐市场领域的运用。华为则通过研发人工智能芯片、打造人工智能开发平台，以人工智能手机为突破口，打造全球领先的人工智能生态。

“人工智能+”产业应用成为经济增长新引擎，智能互联加速发展。根据《2017年中国人工智能产业数据报告》，在目标市场行业中，“人工智能+”企业（融合医疗、金融、教育和安防等领域）总计占比40%，位居第一。人工智能与传统产业融合促使机器人、智能生活助理、自动驾驶、新闻分发、智能家居等多领域实现突破，人工智能催生新经济形态，变革传统工作与生活方式。在新闻分发领域，以“今日头条”为代表的个性化信息推荐平台通过计算机算法实现了用户新闻信息的个性化定制，算法将海量新闻信息与用户个人阅读兴趣智能连接，实现了信息推送的精准化。在智能硬件领域，智能家居、物联网等成为行业焦点。随着智能语音交互平台技术的不断成熟，智能家居具备的功能更加完备，如环境感知、语音交互、自动控制，智能家居人口形态更加多样。2017年，智能音箱成为互联产品的新宠，猎户星空联合喜马拉雅等发布“小雅”智能音箱、小米推出Al音箱“小爱同学”、阿里巴巴售卖智能音箱“天猫精灵”、百度发布视频智能音箱“小度在家”……智能音箱普遍具备互联网新闻、音视频内容获取、天气和路况等生活信息服务查询、家庭电器控制、语音交互等功能，实现了交互方式革新与生活场景的智能互联。截至2018年3月中旬，“天猫精灵”累计销量达200万台，以智能音箱为代表的中国智能产品市场发展前景广阔。

9.2　新媒体技术主要发展业务

9.2.1　天地通信

随着人类航天科技水平的提高，深空探测成为全球航天科技的发展焦点，天地通信成为重要的发展环节。根据国务院《“十三五”国家科技创新规划》，实施载人航天与探月工程，突破全月球到达、高数据率通信、高精度导航定位、月球资源开发等关键技术。另外，通过卫星实现互联网接入服务也成为全球科技的发展方向。根据国务院《“十三五”国家战略性新兴产业发展规划》，合理规划利用卫星频率和轨道资源，加快空间互联网部署，研制新型通信卫星和应用终端，探索建设天地一体化信息网络，研究平流层通信等高空覆盖新方式。

2018年5月，我国在西昌卫星发射中心成功将嫦娥四号的中继卫星“鹊桥”号发射升空，这是世界首颗运行于地月拉格朗日L2点的通信卫星，将为2018年底择机实施的嫦娥四号月球背面软着陆探测任务提供地月间的中继通信。2018年上半年，我国全面启动了“鸿雁星座”工程建设，该项目由300余颗低轨道小卫星及全球数据业务处理中心组成，可实现全天候、全时段以及在复杂地形条件下的实时双向通信，为用户提供全球无缝覆盖的数据通信和综合信息服务。“鸿雁星座”未来将在5G物联网、移动广播、导航天基增强等场景中，提供移动通信保障与宽带通信服务。

我国发展天地通信推动相关产业的快速发展，促进了自主卫星定位、卫星通信技术的产业化应用，加快空间技术与其他信息技术的融合发展。巨大的市场空间也吸引了上市企业和投资机构参与其中，在不同的应用领域开始各自探索。

我国发展天地一体化信息网络建设，实现天地通信，具有重大意义。一是有利于我国占领国际高科技制高点，为开发太空资源和实现深空探测打下良好基础，也有助于边远山区、荒漠和海洋等生产活动的顺利展开；二是实现应急通信，可以在地震、水灾等破坏地面通信的情况下快速实现通信，有助于提升救援效率；三是可以有效解决飞机和高铁等交通工具的上网问题，改善用户的上网体验。

9.2.2 类脑计算

随着云计算、物联网、传感器网络、大数据等新技术持续突破，人工智能发展日趋深入。在实现依靠海量数据、建立以数据驱动的模型学习能力后，基于认知仿生驱动的类脑计算已逐步成为下一阶段人工智能发展的新动力。当前，各国政府都加大对类脑计算技术的布局投入，我国在 2016 年先后印发《“十三五”国家科技创新规划》《“十三五”国家信息化规划的通知》，提出加强量子通信、未来网络、类脑计算等战略性前沿技术布局，部署“脑科学与类脑研究”重大科技项目，以脑认知原理为主体，以类脑计算与脑机智能、脑重大疾病诊治为两翼，搭建关键技术平台，抢占脑科学前沿研究制高点。

国内脑科学与类脑计算基础研究相继开展，为推动人工智能深入研究夯实基础。从 2014 年开始，中国科学院、清华大学、北京大学等多所高校陆续成立脑科学与类脑智能研究中心；2017 年首个类脑智能技术及应用国家工程实验室成立；2018 年上半年，先后成立“北京脑科学与类脑研中心”和“上海脑科学与类脑研究中心”。目前，清华大学类脑计算研究中心研发出了具有自主知识产权的类脑计算芯片、软件工具链；中国科学院自动化研究所开发出类脑认知引擎平台，具备哺乳动物脑模拟的能力，并在智能机器人上实现了多感觉融合、类脑学习与决策等多种应用，以及全球首个以类脑方式通过镜像测试的机器人等。

在类脑计算两个重要技术方向——神经网络和神经元领域，国内研究机构和相关企业都取得了一定进展，推动技术落地。在神经网络领域，中星微推出“星光智能一号”芯片并实现量产；2018 年上半年泓观科技推出首个面向 IoT 终端领域的异步卷积神经网络芯片，赋能实现可穿戴设备、家居、自供能监控等 AI 领域应用落地。在神经元领域，北京大学微电子研究院研发出神经突触模拟器件，响应速度比生物突触快百万倍；清华大学微电子团队在 2017 年研究出 16MB 忆阻器存储芯片，为国际上实现基于忆阻器的通用类脑计算芯片奠定了基础。

9.2.3 AR/VR/MR

虚拟现实（VR）是综合计算机图形技术、传感器技术、多媒体技术、立体显示技术等多种技术发展而来，可以使人们融入一个三维空间，产生有立体感的触觉、视觉、听觉甚至嗅觉，换句话说，它是一种可以创建和体验虚拟世界的计算机系统，目前所涉及的研发及应用领域包括教育、娱乐、医学、科研、军事、影视和制造业等。

增强现实（AR）是一组技术集合，提供一种将数字信息与物理世界联系在一起的体验和用户界面，其虚拟成分已获“增强”，这种增强效果利用计算机生成或通过真实世界传感输入，如图形、声音、视频或 GPS 数据等。

混合现实（MR）把真实世界与虚拟世界融为一体，物理和数字对象共存，实时交互，产生一个新的可视化环境，它提升了用户体验的真实性，增强了真实世界的视觉覆盖、音频和触觉反馈，不过目前仍处于发展早期，主要在建筑、设计、医疗、汽车制造、航空航天和空间探索等领域进行试点。

近年来，我国高度重视虚拟现实、增强现实的技术产业发展，并在国家层面积极规划和重点布局。国务院先后印发《国家创新驱动发展战略纲要》《“十三五”国家信息化规划》《新一代人工智能发展规划》等，立足国情，旨在重点突破虚拟现实、增强现实等新技术的基础研发、前沿布局和产业发展，提升虚拟现实中智能对象行为的多样性、社会性和交互逼真性，实现虚拟现实、增强现实和混合现实技术与人工智能的相互融合和高效互动，构筑虚拟现实技术赛场的先发主导优势。此外，电子技术标准化研究院还发布了我国虚拟现实领域的首个行业标准，即《虚拟现实头戴式显示设备通用规范联盟标准》，为虚拟现实相关产品的研发和应用提供了基本参考。

在虚拟现实技术研发方面，解决了 VR 头盔被线缆束缚、VR 眼球追踪模组等多项难题。数据显示，2017 年我国虚拟现实产业市场规模达到 160 亿元，同比增长 164%。到 2020 年，我国虚拟现实设备出货量将达 820 万台，虚拟现实市场规模预计超过 550 亿元。鉴于我国庞大的市场潜力和健全的创新体系，有望在这一领域成为全球的增长中心。不过，当前我国包括 AR、VR 和 MR 在内的虚拟现实产品研发仍以初创企业为主，还存在技术人才短缺、核心技术有待突破、应用生态有待完善、产业成熟度有待提高等现实问题，迫切需要汇聚产业各方力量，多方协同布局形成发展合力，提升整体行业竞争力。同时，一些实用性、示范性好的 AR、VR 和 MR 技术和产品在重点行业、特色领域的渗透和应用还有待进一步推广。

9.2.4 人工智能

2018 年上半年，我国人工智能政策不断落地，技术应用商业化进程加快。十八大以来我国的信息化水平大幅提升，互联网用户数量跃居世界第一，信息领域核心技术进步深刻改变了人们生活的诸多方面，而人工智能技术和应用飞速发展，带来更为持久深刻的思维冲击与变革。政策层面，国务院发布的《新一代人工智能发展规划》提出“到 2030 年，使中国成为世界主要人工智能创新中心”。在我国国家战略规划中，人工智能已超越技术概念，上升为国内产业转型升级、国际竞争力提升的发展立足点和新机遇；在行业应用层面，巨大的行业应用需求场景、研发能力积累与海量的数据资源开放的市场宏观环境有机结合，形成了我国人工智能发展的独特优势，依靠应用市场的广阔前景，推动技术革新，形成技术和市场共同驱动行业发展。2018 年上半年，我国人工智能领域在技术研发和产业应用方面均取得突出成果。

在技术研发方面，算法的日益精进，语音技术与计算机识别技术的落地已经初见成效，而以 AI 芯片、人工智能开源平台为代表的“基础建设”也越来越得到重视。首先，语音识别/自然语言处理是目前人工智能落地较为成功的领域之一，以科大讯飞为代表的语音交互企业，在智能语音助理、导航软件及智能摄像头等产品研发方面颇有成效；其次，开放平台发展迅速，人工智能技术的广泛应用，不仅需要深耕相关技术，还需要构建完善的生态，国内人工智能企业在积极推动技术落地的同时，也推出与自身技术相结合的开放平台，以吸引更多的服务和硬件合作伙伴，连接起更多的网络终端和数据，如百度 DuerOS 开放平台、阿里 AliGenie 系统、腾讯云小微等；最后，AI 芯片研发进程加快，考虑到 AI 算法开源的发展趋势，基础层的芯片与数据将在未来竞争中占据越来越重要的地位，AI 芯片更将成为人工智能发展的支柱，相比传统芯片，AI 芯片更能满足 AI 算法所需的庞大计算量。

在产业应用方面，人工智能技术的快速发展，对传统行业具有重塑性功能，并且通过改良创新，为行业提供新的辅助性工具，促进行业进步，在金融、交通、健康、安全等诸多领域，起到积极作用。首先，机器人市场发展迅速，机器人是公众认知较强的人工智能产物，在线下零售店、家庭儿童教育、养老陪护及家务工作等多种场景落地迅速，机器人产品市场快速成长，如教育机器人、扫地机器人市场；其次，在医疗健康领域中，人工智能帮助改善医疗资源分布不均的问题，助力医学专家攻坚克难，在语音录入病历、医疗影像分析、诊疗、健康管理、药物研发等方面，都有显著成效；最后，在金融领域中，人工智能应用场景广泛，从身份认证、智能风控到资产管理、投资分析研判，人工智能技术革新，与金融领域相辅相成，进一步提高行业安全性。

本章小结

我国的新媒体技术发展进入了时代快车道，由以前的技术推动社会进步到现在的社会进步带动技术发展，都显示了我国对技术发展的决心。本章结合国家政策和新媒体主要技术特点，从新媒体产业发展概要与趋势和新媒体技术主要发展业务两个方面简单介绍了新媒体发展的状况。

参考文献

[1] 李晓晔．新媒体时代[M]．北京：中国发展出版社，2015.
[2] 王宏，陈小申，张星剑．数字技术与新媒体传播[M]．北京：中国传媒大学出版社，2010.
[3] 匡文波．新媒体概论[M]．2 版．北京：中国人民大学出版社，2015.
[4] 彭兰．网络传播概论[M]．3 版．北京：中国人民大学出版社，2012.
[5] 钟瑛．网络传播导论[M]．2 版．北京：中国人民大学出版社，2016.
[6] 匡文波．手机媒体概论[M]．2 版．北京：中国人民大学出版社，2012.
[7] 张建，李金正．手机媒体艺术概论[M]．北京：中国国际广播出版社，2018.
[8] 雷蔚真．跨媒体新闻传播理论与实务[M]．北京：中国人民大学出版社，2012.
[9] 匡文波．手机媒体：新媒体中的新革命[M]．北京：华夏出版社，2010.
[10] 美国新媒体联盟．新媒体联盟地平线报告 2015 年博物馆版[M]．北京：中国科学技术出版社，2016.
[11] 谢耘耕，陈虹．新媒体与社会[M]．北京：社会科学文献出版社，2014.
[12] 倪林峰．Photoshop 新媒体广告设计[M]．北京：清华大学出版社，2018.
[13] 赵剑．新媒体影视[M]．北京：高等教育出版社，2017.
[14] 韦艳丽．新媒体交互艺术[M]．北京：化学工业出版社，2017.
[15] 张晓梅．新媒体与新媒体产业[M]．北京：中国电影出版社，2014.
[16] 杨艺．嗨！新媒体-漫画新媒体艺术与设计[M]．大连：大连理工大学出版社，2014.
[17] 新华社新媒体中心．中国新兴媒体融合发展报告（2013－2014）[M]．北京：新华出版社，2014.
[18] 唐绪军．新媒体蓝皮书中国新媒体发展报告（2018）[M]．北京：社会科学文献出版社，2018.
[19] 邵蕾．新媒体与青年亚文化的变迁[J]．当代青年研究，2012.
[20] 林莉．微博客的拟剧现象研究[D]．南京：南京师范大学出版社，2013.
[21] 周嘉琳．社交网站用户自我呈现研究[D]．上海：上海交通大学出版社，2014.
[22] 周敏，杨富春．新媒介环境与网络青年亚文化现象[J]．新闻爱好者，2011.
[23] 马中红．新媒介与青年亚文化转向[J]．文艺研究，2010.
[24] 肖尧中．网络游戏的传播学审思[J]．天府新论，2009.
[25] 浦颖娟，孙艳，征鹏．大学生与网络青年亚文化关系研究[J]．当代青年研究，2009.
[26] 邬心云．日志式个人博客的自我呈现心理研究[D]．武汉：华中科技大学出版社，2012.